学电子电工技术 不求人

XUE DIANZI DIANGONG JISHU BUQIUREN

快学巧学

电工识图

双色
图解版

马志敏 主编

化学工业出版社

·北京·

本书采用图解的形式，将电工常用的照明电路、供/配电系统电气线路、机电设备电气线路、电子控制线路、变频器控制线路以及常用家用电器控制系统电气图的识图及控制等内容，使用双色印刷方法，将电流流向、元件控制等作突出标记，方便阅读，使重点、难点一目了然。

本书是一本帮助初学者轻松入门的书，对于电工爱好者也是不错的操作工具书。

图书在版编目（CIP）数据

快学巧学电工识图：双色图解版/马志敏主编．
北京：化学工业出版社，2017.3
（学电子电工技术不求人）
ISBN 978-7-122-28762-5

Ⅰ．①快…　Ⅱ．①马…　Ⅲ．①电路图-识图
Ⅳ．①TM13

中国版本图书馆CIP数据核字（2016）第319256号

责任编辑：李军亮　　　　　　　　　　文字编辑：陈　喆
责任校对：宋　玮　　　　　　　　　　装帧设计：刘丽华

出版发行：化学工业出版社（北京市东城区青年湖南街13号　邮政编码100011）
印　　装：大厂聚鑫印刷有限责任公司
787mm×1092mm　1/16　印张13¹⁄₂　字数300千字　2017年5月北京第1版第1次印刷

购书咨询：010-64518888（传真：010-64519686）　售后服务：010-64518899
网　　址：http://www.cip.com.cn
凡购买本书，如有缺损质量问题，本社销售中心负责调换。

定　　价：48.00元

随着我国经济建设的快速发展，社会对电工的需求日益增加。电气图是电气技术中所必需的技术资料，是设计、生产、维修人员工作时不可缺少的内容之一。能够快速、精准地识读电气图，确保电路设计构思的实现已经成为电工的必备技能。

本书以识读各类电气图为主，详细介绍了电气图的识读方法、步骤，并以常用、常见和基本的电气图作为例子，带领读者掌握基本的识图技巧。本书内容包括电工识图的基本知识，建筑电气图、工厂供电系统电气图、电动机电气控制图、机电设备电路控制图、电子控制电路图、PLC控制电路图、变频器控制电路图与家用电器控制系统电气图的识读等。

本书采用图解的方式，通过读图，将电路的识图步骤利用箭头引导，不但实用性强，覆盖面广，并具有一定的代表性。通过阅读本书，能给广大读者在实践和学习中提供帮助，达到举一反三、触类旁通的目的。

本书由马志敏主编，参与编写的人员还有李国强、李俊伟、武鹏程、郭琪雅、郑亚齐、彭飞、孙晓权、孙涛、李军荣、杨耀、王中强、赵培礼。

本书是电工电子爱好者学习电工、电子技术知识的参考书，也是电工从业人员进阶学习的专业指导书。

由于水平有限，书中难免有不足之处，敬请广大读者予以指正。

编　者

目录

第3章　工厂供配电系统电气线路识图 ························· 049

第4章　电动机电气控制电路图识图 ························· 061

电工识图基本符号及电路 ◀◀◀

电气图的基本构成

1.1.1 电气图的组成

电气图一般由电路及电路图、技术说明、主要电气设备（或元器件）明细表和标题栏四部分组成。

 电路及电路图

电路

由电源、负载、控制元件和连接导线组成的能实现预定功能的闭合回路称为电路。电路通常分为两类：主电路和副电路（又称一次回路和二次回路）。

```
            主电路 ←──────────────→ 副电路
              ↓                        ↓
电源向负载输送电能的电路。      为保证主电路安全、正常、经济合理
                               运行而装置的控制、保护、测量、监察、
                               指示电路。
              ↓                        ↓
通常包括发电机、电力变压器、各种      包括控制开关、继电器、脱扣器、测
开关、互感器、接触器、母线、导线及电    量仪表、指示灯、音响灯光信号设备等。
力电缆、熔断器、负载（如电动机、照明
及电热设备）等。
              ↓                        ↓
           一次设备 ←──────────────→ 二次设备
```

电路图

用国家统一规定的电气图形符号和文字符号表示电路中电气设备（或元器件）相互连接顺序的图形称为电路图。

 技术说明

技术说明或技术要求，用以注明电路接线图中有关要点、安装要求及未尽事项等。其书写位置通常是：主电路（一次回路）图中，在图面的右下方、标题栏的上方；副电路（二次回路）图中，在图面的右上方。

主要电气设备（或元器件）明细表

主要电气设备（或元器件）明细表 → 用以注明电路接线图中电路主要电气设备（或元器件）的代号、名称、型号、规格、数量和说明等。它不仅便于识图，而且是订货、安装时的重要依据。

明细表 → 书写位置通常是：主电路图中，在图面的右上方，由上而下逐项列出；副电路图中，在图面的右下方、标题栏之上，自下而上逐项列出。

序号	代号	名称	规格	数量	备注
1	M1	电动机	Y180M-2	1	
2	KR	热继电器	JR16-60/3	1	
3	KM	交流接触器	CJ10-40	2	
4	QF	低压断路器	DZ10-100/330	1	
5	FU	熔断器	RL1-100	3	
6	SB	按钮	LA2	1	
7	TA	电流互感器	LMZJ-0.5	3	

注：本表所列元器件名称、规格、数量只是用来说明"技术说明"中应包含的项目及内容，并不代表某一具体电路所使用的元器件。

 **标题栏**

标题栏 → 图面的右下角，标注电气工程名称、设计类别、设计单位、图名、图号、比例、尺寸单位及设计人、制图人、描图人、审核人、批准人的签名和日期等。标题栏是电气图的重要技术档案，各栏目中的签名人对图中的技术内容承担相应责任。

×× 设计院			工程名称		
审核		总工程师		专业	
校核		总专业师	电动机控制电路图	单位	
制图		项目负责人		日期	
设计		专业负责人		图号	

此外，有些涉及相关专业的电气图样，紧接在标题栏左侧或图框线以外的左上方，列有会签表，由相关专业（如电气、土建、管道等）技术人员会审认可后签名，以便互相统一协调、明确分工及责任。

1.1.2　电气图的主要特点

电气图与机械图、建筑图、地形图或其他专业的技术图相比，具有一些明显不同的特点。

简图是电气图的主要表达形式

电气图的种类是很多的，但除了必须标明实物形状、位置、安装尺寸的图（如电气设备布置平面图、立面图等）外，大量的图都是简图，即仅表示电路中各设备、装置、元器件等的功能及连接关系的图。简图具有以下特点。

各组成部分或元器件用电气图形符号表示，而不具体表示其外形、结构及尺寸等特征。

在相应的电气图形符号旁标注文字符号、数字编号（有时还要标注型号、规格等）。

按功能和电流流向表示各装置、设备及元器件的相互位置和连接顺序。

没有投影关系，不标注尺寸。

应当指出的是，"简图"是一种术语，而不是简化图、简略图的意思。之所以称为简图，是为了与其他专业技术图的种类、画法加以区别。

元件和连接线是电气图的主要表达内容

电路通常是由电源、负载、控制元件和连接导线四部分组成的。如把各电源设备、负载设备和控制设备都看成元件，则各种电气元件和连接线就构成了电路，这样，在用来表达各种电路的电气图中，元件和连接线就成为主要表达内容了。

图形符号、文字符号是组成电气图的主要要素

电气图中大量用简图表示。而简图主要是用国家统一规定的电气图形符号和文字符号绘制出来的，因此，电气图形符号和文字符号大大简化了绘图，它是电气图的主要组成成分和表达要素。图形符号、文字符号与项目代号、数字编号以及必要的文字说明相结合，不仅构成了详细的电气图，而且对读图时区别各组成部分的名称、功能、状态、特征、对应关系和安装位置等大有用途。

电气图中的元器件都是按正常状态绘制的

所谓"正常状态"或"正常位置"，即电气元器件和设备的可动部分表示为非激励（未通电、未受外力作用）或不工作的状态或位置，例如继电器和接触器的线圈未通电时触点未动作时的位置；断路器、负荷开关、隔离开关、刀开关等的断开位置；带零位的手动控制开关的操作手柄的零位；行程开关的非工作状态或位置；事故、备用、报警等开关在设备、电路中正常使用或正常工作的位置。

1.2 电气符号

1.2.1 图形符号

通常用于图样或其他文件，以表示一个设备或概念的图形、标记或字符，统称为图形符号。

 图形符号的含义和组成

图形符号通常由基本符号、一般符号、符号要素和限定符号等组成。

基本符号

基本符号用以说明电路的某些特征，而不表示独立的电器或元件，例如"—""～"分别表示直流、交流，"＋""－"用以表示直流电的正、负极，"N"表示中性线等。

一般符号

一般符号是用以表示一类产品和此类产品特征的一种通常很简单的符号，如"○"为电机的一般符号，"凸"是线圈的一般符号。

符号要素

一种具有确定意义的简单图形，必须同其他图形组合，以构成一个设备或概念的完整符号称为符号要素。

管壳　阴极　阳极　栅极

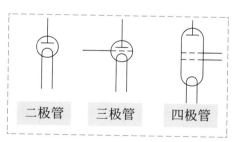

二极管　三极管　四极管

限定符号

限定符号是用以提供附加信息的一种加在其他符号上的符号，一般不能单独使用。

电阻

可变电阻

滑线电阻

压敏电阻

第一章　电工识图基本符号及电路

005

热敏电阻	光敏电阻	炭质电阻	功率为1W电阻

 图形符号的分类

电气图中的图形符号是构成电气图的基本单元,是应用最为广泛的图形符号。电气设备图形符号则主要适用于各种类型的电气设备或电气设备的部件上,使操作人员了解其用途和操作方法,其主要用途为识别、限定、说明、命令、警告和指示等。

GB 4728中的分类	GB 5465中的分类
导线和连接器件	通用符号
无源元件	广播、电视及音响设备符号
半导体管和电子管	通信、测量、定位符号
电能的发生和转换元件	
开关、控制和保护装置	医用设备符号
测量仪表、灯和信号器件	电化教育符号
电信:交换和外围设备	家用电器及其他符号
电信:传输	
二进制逻辑单元、模拟单元等	
电力、照明和电信布置	

电气设备图形符号与电气图中的图形符号大多是不同的,有的虽然符号相同,但是含义大不相同,例如变压器的图形符号,两者在形式上是相同的,但电气图中变压器符号表示电路中的一类变压器设备,担负变压功能;而电气设备用图形符号中的变压器符号则表示电气设备可通过变压器与电力线相连接的开关、控制器、连接器或端子相接,也可用于变压器包封或外壳上,还有的用于平面布置图上,表示变压器的安装位置。

电气设备图形符号必须按一定比例绘制,必须按比例放大或缩小。

1.2.2 文字符号

文字符号用于标明电气设备、装置和元器件的名称、功能、状态及特征，一般标注在电气设备、装置和元器件之上或旁边。文字符号还有为项目代号提供种类和功能的字母代码、为限定符号与一般图形符号配合使用而派生新图形符号的作用。

 文字符号的组成

设备、装置和元器件种类	名称	单字母符号	双字母符号
组件 部件	分离元件、放大器	A	
	激光器		
	调节器		
	本表其他地方未规定的组件、部件		
	电桥		AB
	晶体管放大器		AD
	集成电路放大器		AJ
	磁放大器		AM
	电子管放大器		AV
	印制电路板		AP
	抽屉柜		AT
	支架盘		AR
非电量到电量变换器或电量到非电量变换器	热电传感器	B	
	热电池		
	光电池		
	测功计		
	晶体换能器		
	送话器		
	拾音器		
	电喇叭		
	耳机		
	自整角机		
	旋转变压器		
	模拟和多级数字变换器或传感器（用作指示和测量）		BP
	压力变换器		BQ
	位置变换器		BR
	旋转变换器（测速发电机）		BT
	温度变换器		BV
	速度变换器		
电容器	电容器	C	
二进制元件 延迟器件 存储器件	数字集成电路和器件	D	
	延迟线		
	双稳态元件		
	单稳态元件		
	磁芯存储器		
	寄存器		
	磁带记录机		
	盘式记录机		

设备、装置和元器件种类	名称	单字母符号	双字母符号
保护器件	具有延时和瞬时动作的限流保护器件 熔断器 限电压保护器件 过电压放电器：避雷器 具有瞬时动作的限流保护器件 具有延时动作的限流保护器件	F	FS FU FV FA FR
发生器 发电机 电源	旋转发电机 振荡器 发生器 同步发电机 异步发电机 蓄电池 旋转式或固定式变频机	G	 GS GS GA GB GF
信号器件	声响指示器 光指示器 指示灯	H	HA HL HL
继电器 接触器	瞬时接触继电器 瞬时有或无继电器 交流继电器 闭锁继电器（机械闭锁或水磁铁式有或无继电器） 双稳态继电器 接触器 极化继电器 簧片继电器 延时有或无继电器 逆流继电器	K	KA KA KL KL KM KP KR KT KR
电感器 电抗器	感应线圈 线路陷波器 电抗器	L	
电动机	电动机 同步电动机 可作发电机或电动机用的电机 力矩电动机	M	 MS MG MT
模拟元件	运算放大器 混合模拟/数字器件	N	
其他元器件	本表其他地方未规定的器件 发热器件 照明灯 空气调节器	E	 EH EI EV
测量设备 试验设备	指示器件 记录器件 积算测量器件 信号发生器 电流表 计数器（脉冲） 电能表 记录仪器 时钟、操作时间表 电压表	P	 PA PC PJ PS PT PV

设备、装置和元器件种类	名称	单字母符号	双字母符号
电力电路的开关器件	断路器 电动机保护开关 隔离开关	Q	QF QM QS
电阻器	电阻器 变阻器 电位器 测量分路器 热敏电阻器 压敏电阻器	R	 RP RS RT RV
控制、记忆、信号电路的 开关器件选择器	拨号接触器 连接极 控制开关 选择开关 按钮开关 机电式有或无传感器（单级数字传感器） 液体标高传感器 压力传感器 位置传感器（包括接近传感器） 转数传感器 温度传感器	S	 SA SA SB SL SP SQ SR ST
变压器	电流互感器 控制电路电源用变压器 电力变压器 磁稳压器 电压互感器	T	TA TC TM TS TV
调制器 变换器	鉴频器 解调器 变频器 编码器 变流器 逆变器 整流器 电报译码器	U	
电子管 晶体管	气体放电管 二极管 晶体管 晶闸管 电子管 控制电路用电源的整流器	V	 VD VT VS VE VC
传输通信 波导 天线	导线 电缆 母线 波导 波导定向耦合器 偶极天线 抛物天线	W	
端子 插头	连接插头和插座 接线柱	X	
电气操作的机械部件	电动阀 电磁阀		YM YV
终端设备 混合变压器 滤波器 均衡器 限幅器	电缆平衡网格 压缩扩展器 晶体滤波器 网格	Z	

第一章 电工识图基本符号及电路

辅助文字符号是用于表示电气设备、装置和元器件、线路的功能、状态、特征及位置的，如"ST"表示启动，"STP"表示停止；"ON"表示闭合，"OFF"表示断开；"RD"表示红色，"GN"表示绿色；"H""L"分别表示高、低等。

名称	文字符号	名称	文字符号	名称	文字符号
电流	A	输入	IN	不接地保护	PU
模拟	A	增	INC	记录	R
交流	AC	感应	IND	右	R
自动	A、AUT	左	L	反	R
加速	ACC	限制	L	红	RD
黑	BK	低	L	复位	R，RST
蓝	BL	闭锁	LA	备用	RES
向后	BW	主	M	运转	RUN
控制	C	由	M	信号	S
顺时针	CW	中间线	M	启动	ST
逆时针	CCW	手动	M，MAN	置位、定位	S，SET
延时（延迟）	D	中性线	N	饱和	SAT
差动	D	附加	ADD	步进	STE
数字	D	可调	ADJ	停止	STP
降	D	辅助	AUX	同步	SYN
直流	DC	异步	ASY	温度	T
减	DEC	制动	B，BRK	时间	T
接地	E	断开	OFF	无躁声（防干扰）接地	TE
紧急	EM	闭合	ON	真空	V
快速	F	输出	OUT	速度	V
反馈	FB	压力	P	电压	V
正、向前	FW	保护	P	白	WH
绿	GN	保护接地	PE	黄	YE
高	H	保护接地与中性线共用	PEN		

 文字符号的使用

电气技术文字符号并不适用于各类电气产品的型号编制与命名。

文字符号采用拉丁字母大写正体书写，一般应优先采用单字母符号。只有为了较详细、具体地标注电气设备、装置和元器件时，才采用双字母符号。

辅助文字符号既可与单字母符号组成双字母符号，如"KA"表示电流继电器，"MS"表示同步电动机，也可以单独使用，如"N"表示中性线，"PEN"表示保护接地与中性线共用（简称保护中性线）。

1.2.3 项目代号

在电气电路图上常用一个图形符号表示的基本元器件、部件、组件、功能单元、设备、系统等，称为项目。项目有大有小，可能相差很多，大至电力系统、成套配电装置、发电机以及变压器，小至电阻、端子、连接片等，都可以称为项目。项目代号是用以识别图形、表图、表格中和设备上的项目种类，并提供项目的层次关系、实际位置等信息的一种特定代码。

项目代号是由拉丁字母、阿拉伯数字及特定的前缀符号按照一定规则组合而成的。一个完整的项目代号包括四个代号段，其名称及前缀符号结构如下所示。

分段	名称	前缀符号	分段	名称	前缀符号
第一段	高层代号	=	第三段	种类代号	−
第二段	位置代号	+	第四段	端子代号	:

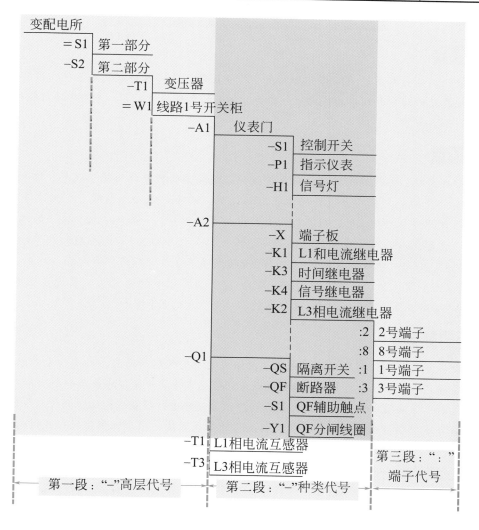

高层代号是指系统或设备中任何较高层次（对给予代号的项目而言）项目的代号，例如电力系统、变电所、电力变压器、电动机、启动器等。

位置代号

项目在组件、设备、系统或建筑物中的实际位置的代号称为位置代号。位置代号通常由自行规定的拉丁字母及数字组成。在使用位置代号时，应画出表示该项目位置的示意图，如下所示。

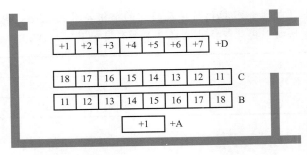

种类代号

用以识别项目种类的代号称为种类代号。项目种类是将各种电气元器件、设备、装置等，根据其结构和在电路中的作用来分类的，相近的项目归为同类，常用单字母符号命名，如前文所示。

端子代号

用于成套柜、屏内外电路进行电气连接的接线端子的代号称为端子代号。端子代号是完整项目代号的一部分。当项目的端子有标记时，端子代号必须与项目上的端子标记一致；当项目的端子无标记时，应在图上自行设置端子代号。一般端子板（排）的端子代号用"X"表示，以区别于设备代号。若端子板（排）代号为X1，则相应的端子代号有X1：1、X1：2、…、X1：18，而PJ1第2号接线端子全称可标为"=A3+101+B+5W1 P1：2"，简化为"=A3+101B5 W1P1：2"，其代表的意义为：装设在变电所101室B列第5台的3号高压开关柜中1号线路的有功电能表的2号端子。

项目代号的应用

项目代号是用来识别项目的、由代号段组成的特定代码。通常，种类代号可以单独表示一个项目，而其余代号段大多应与种类代号组合起来才能较完整地表示一个项目。

电气图中标注项目代号，可根据该原理图很方便地进行安装、检修、分析与查找事故，所以国家标准把项目代号规定在电气工程图样的编制方法之中。但根据场合及详略要求的不同，在一张图上的某一项目代号不一定都有四个代号段，如在表示实际安装位置时，则可省掉位置代号；当图中所有项目的高层代号相同时，可省掉高层代号而只需另外加以说明。

在集中表示法和半集中表示法的图中，项目代号只在符号旁标注一次；在分开表示法的图中，项目代号应在项目每一部分的符号旁标注出来。

1.2.4　回路标号

电路图中用来表示各回路的种类和特征的文字符号和数字标号统称为回路标号。

直流回路的标号

在直流一次回路标号中，用回路标号个位数字的奇、偶数区分回路的极性；用十位数字的顺序区分回路中的不同线段。

正极回路 ⟶ 用1、11、21、31、…顺序标注。

负极回路 ⟶ 用2、12、22、32、…顺序标注。

电源回路 ⟨ 如A电源的正、负极回路分别标注为101、111、121、…和102、112、122、…。

B电源的正、负极回路分别标注为201、211、221、…和202、212、222、…。

在直流二次回路中，正极回路的线段按奇数顺序标号，如1、3、5、…；负极回路的线段按偶数顺序标号，如2、4、6、…。

交流回路的标号

在交流一次回路中，用回路标号个位数字的顺序区分回路的相别，用十位数字的顺序区分回路中的不同线段。

第一相回路 ⟶ 按1、11、21、…顺序标号。

第二相回路 ⟶ 按2、12、22、…顺序标号。

第三相回路 ⟶ 按3、13、23、…顺序标号。

交流二次回路的标号原则与直流二次回路的标号原则相似，回路的主要降压元件两侧的不同线段分别按奇数和偶数的顺序标号，如左侧用奇数标号、右侧用偶数标号。元器件之间的连接导线可任意选标奇数或偶数。

电力拖动、自动控制电路的标号

一次回路的标号由文字符号和数字标号两部分组成，文字符号用于标明一次回路中电气元器件和线路的技术特性。

交流电动机定子绕组的首端 ⟶ 用U1、V1、W1。　　交流电动机定子绕组的尾端 ⟶ 用U2、V2、W2。

在二次回路中，除电气元器件、设备、线路标注文字符号外，为简明起见，其他只标注回路标号。

1.3 电气图的表示方法

1.3.1 电气图的分类

电气图的分类方法很多，一般可以根据对象的类别、对象的规格大小、使用场合及表达方式等的不同来分类；还可按照最新国家标准，电气信息文件分为六大类，分别是功能性文件、位置文件、接线文件、项目表、说明文件和其他文件；电气图的类别也可按照电气图所表达的电气信息内容来划分。

 表示功能性信息的电气图

概略图

概略图是指表示系统、分系统、装置、部件、设备、软件中各项目之间的主要关系和连接的简图。概略图通常采用单线表示法，可作为教学、训练、操作和维修用。如下所示为过电流保护概略图的基本文件。

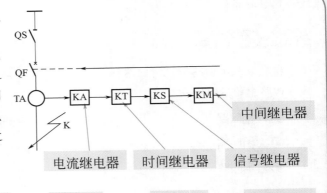

上图是采用方框符号绘制，用以说明过电流保护系统的基本组成、相互关系及主要特征的简图，而并没有具体表示各具体元件及其连接关系。电气概略图往往是某一电气系统、装置、设备进行成套设计的第一张图。电气概略图的用途主要是：作为进一步设计的依据；供操作和维修时参考；供有关部门了解设计对象的整体方案、简要工作原理和各部分的主要组成等。

端子功能图

端子功能图是用来表示功能单元的各端子接口连接和内部功能的一种简图。

程序图

程序图是详细表示程序单元、模块及其互连关系的简图。

快学巧学 电工识图

功能图

功能图是指用理论的或理想的电路来详细表示系统、分系统、装置、部件、设备、软件等功能的简图。功能图不涉及具体的实施方法，比如用于分析和计算电路特性或状态的等效电路就属于功能图。

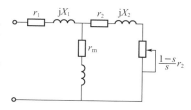

电路图

电路图是表示系统、分系统、装置、部件、设备、软件等实际电路的简图。电路图采用按功能排列的图形符号来表示各元件及其连接关系，不需要考虑项目的实际尺寸、形状和位置。电路图可为了解电路所起的作用、编制接线文件、测试和寻找故障点、安装和维修等提供必要的信息。

表示位置信息的电气图

位置信息图是表示成套装置、设备或装置中各个项目的布局、安装位置的图。位置信息图包括总平面图、安装图、安装简图、装配图、布置图。其中，安装图是表示各项目安装位置的平面图；而安装简图一般用图形符号绘制，用来表示某一区域或某一建筑物内电气设备、元器件或装置的位置及其连接。

表示接线信息的电气图

线信息图（表）包括接线图（表）、单元接线图（表）、互连接线图（表）、端子接线图（表）、电缆配置图（表）五类。

接线图（表）	→ 接线图（表）是用来表示成套装置、设备、元器件的连接关系，用于进行安装接线和检查、试验、维修的一种简图（表格）。
单元接线图（表）	→ 单元接线图（表）是用来表示成套装置或设备中一个结构单元内部连接关系的图（表）。"结构单元"一般是指可独立运行的组件或某种组合体，如电动机、继电器、接触器等。
互连接线图（表）	→ 互连接线图（表）是用来表示成套装置或设备的不同单元之间连接关系的接线图（表）。
端子接线图（表）	→ 端子接线图（表）是用来表示成套装置或设备的端子以及接在端子上的内外接线的接线图（表）。
电缆配置图（表）	→ 电缆配置图（表）是用来提供二次电缆两端位置的一种接线图（表），也可用来提供电缆功能、特性和路径等相关信息。

1.3.2 元器件的基本表示方法

元件的集中表示法和分开表示法

　　电气元器件和设备（以下统称元件）的功能、特性、外形、结构、安装位置及其在电路中的连接，在不同电气图中有不同的表示方法。在一般符号中，有简单符号，也有包括各种符号要素和限定符号的完整图形符号。

　　DL-10系列电磁式电流继电器和DS-110、DS-120系列时间继电器的图形符号，分别采用集中表示法和分开表示法绘制。

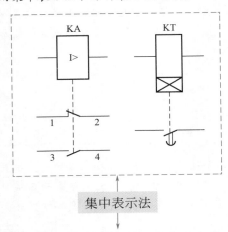

集中表示法

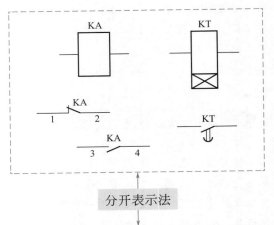

分开表示法

　　集中表示法是把设备或成套装置中一个项目的各组成部分的图形符号在简图上绘制在一起的方法，它只适用于简单的图。

　　分开表示法（又称展开表示法）是把同一项目中不同部分的图形符号在简图上按不同功能和不同回路分开表示的方法。不同部分的图形符号用同一项目代号表示。分开表示法可避免或减少图线交叉，因而使图面清晰，而且也给分析回路功能及标注回路标号带来了方便。

半集中
表示法　→　　为了使设备和装置的电路布局清晰、易于识别，把同一个项目中某些部分的图形符号在简图上集中表示，另一些分开布置，并用机械连接符号（虚线）表示它们之间关系的方法，称为半集中表示法。其中，机械连接线可以弯折、分支或交叉。

元件触点位置的表示方法

　　元件的触点分为两大类：一类是由电磁力或人工操纵的触点，如电继电器（电磁式、感应式、晶体管式继电器等）、接触器、开关、按钮等的触点；另一类是非电磁力和非人工操纵的触点，如各种非电继电器（气体继电器、速度继电器、压力继电器等）、行程开关等的触点。

触点的表示

对于电继电器、接触器、开关、按钮等的触点，在同一电路中加电或受力后，各触点的动作方向应一致。

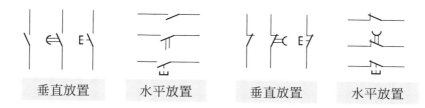

| 垂直放置 | 水平放置 | 垂直放置 | 水平放置 |

闭合/断开的表示

对非电和非人工操纵的触点，必须在其触点符号附近标明运行方式，一般采用以下三种方法。

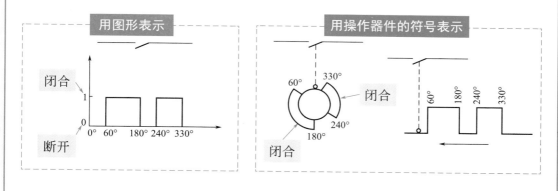

用表格法表示

角度/（°）	0～60	60～180	180～240	240～330	330～360
触点状态	0	1	0	1	0

 元件的技术数据、有关注释和标志的表示方法

当元件的某些内容不便于用图示形式表达清楚时，可采用注释的方式如下。

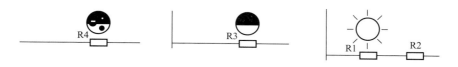

元件的技术数据（如型号、规格、整定值等）一般标注在其图形符号的附近，如下图所示。

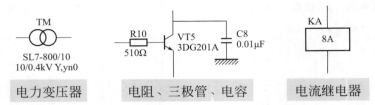

| 电力变压器 | 电阻、三极管、电容 | 电流继电器 |

技术数据标注的位置通常为：当连接线为水平布置时，尽可能标在图形符号的下方；当连接线垂直布置时，标在项目代号的下方。技术数据也可以标在继电器线圈、仪表、集成块等的方框符号或简化外形符号内。在一、二次接线图中，技术数据常用表格方式标注。

主要电气设备、材料明细表

序号	代号	名称	型号规格	单位	数量	备注
1	TM1～2	电力变压器	SL7-800/10　10/0.4kV	台	2	Y，yn0
2	TM3～4	电力变压器	SL7-630/10　10/0.4kV	台	2	Y，yn0
3	TM5	电力变压器	SL7-1000/10　10/0.4kV		1	Y，yn0
4	Y1，Y2	高压开关柜	JYN2-10-02		2	
5	Y3	高压开关柜	JYN2-10-23	台	1	
6	WB	硬母线	TMY-80×10	m		
…						

元件明细表

序号	代号	名称	型号规格	单位	数量	备注
1	KA1	电流继电器	GL-15/5.5A	只	2	
2	KA2	电流继电器	GL-11/5.5A	只	1	
3	KS	信号继电器	DX-11/0.25	只	1	
4	YR	分闸脱扣器	CDT-10-114，～220V	只	1	
5	Yo	合闸线圈	～220V，5A	只	1	
6	M	储能电动机	HDZ1-5～220V，450W	只	1	
7	PJ1	有功电能表	DS2 200/5A	只	1	
8	QS	组合开关	HZ10-10/1	只	1	
…	…	…	…	…	…	…

元件接线端子的表示方法

端子及其图形符号

　　元件中用以连接外部导线的导电元件称为端子。端子分为固定端子和可拆端子两种，固定端子用图形符号"○"或"·"表示，可拆端子则用"φ"表示。装有多个互相绝缘并通常对地绝缘的端子的板、块或条称为端子板。端子板常用加数字编号的方框表示。

以字母、数字标志接线端子的原则和方法

　　元件接线端子标记由字母和阿拉伯数字组成，如V1、1V1，也可不用字母而简化成1、11或11的形式。

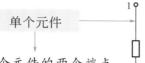

单个元件的两个端点用连续的两个数字表示，右图中元器件的两个接线端子用1和2表示。

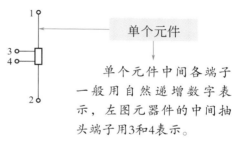

单个元件中间各端子一般用自然递增数字表示，左图元器件的中间抽头端子用3和4表示。

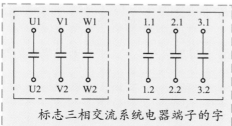

标志三相交流系统电器端子的字母U1、V1、W1

　　如果几个相同的元件组合成一个组，则各元件的接线端子可按下述方式标志。

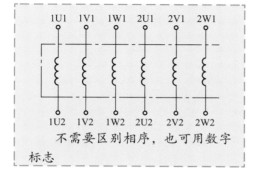

不需要区别相序，也可用数字标志

　　同类元件组用相同字母标志时，字母前冠以数字来区别，如两组三相异步电动机绕组的接线端子用1U1、2U1、…来标志。

1.3.3 连接线的表示方法

由于表达的对象和用途不同,电气图的种类及表示方法有很大差别。但因为电气图大多用简图表示,其表达的主要内容是元件和连接线,图形符号、文字符号是组成电气图的主要要素,所以各种电气图必然有许多共同点和基本的表示方法。掌握这些共同点和基本方法,对于绘制和识读电气图是十分重要的。

 连接线的表示方法

电气图上各种图形符号之间的相互连线,统称为连接线。它可能是传输能量流、信息流的导线,也可能是表示逻辑流、功能流的某种图线。按照电气图中图线表达的相数不同,连接线可分为多线表示法和单线表示法两种。

多线表示法 ➡ 每根连接线用一条图线表示的方法,称为多线表示法(其中大多是三线)多线表示法绘制的图能详细、直观地表达各相或各线的内容,尤其是在各相或各线不对称的场合中宜采用这种表示法。 ➡ 它图线多,作图麻烦,特别是在接线比较复杂的情况下,会使图显得繁杂而不清晰易读。因此,它一般用在图形比较简单,或相、线不对称的场合。

单线表示法 ➡ 两根或两根以上(大多是表示三相系统的三根)连接线用一条图线表示的方法,称为单线表示法。 ➡ 单线表示法易于绘制,清晰易读。它应用于三相、多相对称或基本对称的场合。

另有一种混合表示法,即在同一幅图中,部分用单线表示法,部分采用多线表示法。

 导线的一般表示方法

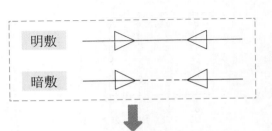

它可用于表示单根导线、导线组、电线、母线、绞线、电缆、线路及各种电路(能量、信号的传输等)。

也可以根据情况,通过图线粗细、加图形符号及文字、数字来区分各种不同的导线。

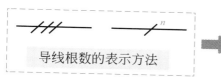

当用单线表示几根导线或导线组时，为示出导线实际根数，可在单线上加小短斜线（45°）表示：根数较少时，用斜线数量代表导线根数；根数较多时（一般如4根以上），用一根小短斜线旁加注数字表示，n表示根数。

导线特征表示法

=====　BV-500-(3×16+1×10) ➡ 导线为BV型，额定电压为500V，相线截面积为16mm²，中性线截面积为10mm²。

——　TMY-3(80×6)+1(30×4) ➡ 硬铜母线，相线截面积为80mm×6mm（宽×厚），中性线截面积为30mm×4mm（宽×厚）。

／——　BLV-500-(3×70+1×35)SC70-WE ➡ 聚氯乙烯绝缘铝导线，额定电压为500V，三相导线每相截面积为70mm²，中性线截面积为35mm²，穿内径为70mm的焊接钢管，沿墙明敷。

图线的粗细

为了突出或区分电路、设备、元器件及电路功能，图形符号及连接线可用图线的粗细不同来表示。

导线连接点的表示

导线连接点有T形、十字形两种。

T形连接点

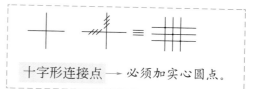

十字形连接点 ➡ 必须加实心圆点。

交叉而不连接的点 ➡ 在交叉处不得加实心圆点。

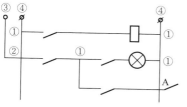

聪明的读者，在上图中的①②③④代表连接点的什么特征？

应避免在交叉处改变方向，也不得穿过其他连接线的连接点。

第一章　电工识图基本符号及电路

021

为了表示连接线的接线关系和去向，可采用连续表示法和中断表示法。连续表示法是将表示导线的连接线用同一根图线首尾连通的方法，而中断表示法则将连接线中间断开，用符号（通常是文字符号及数字编号）标注其去向。

连接线的表示方法

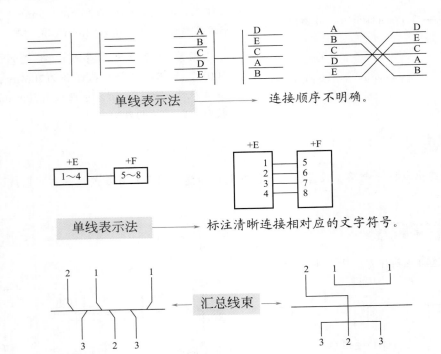

单线表示法 ⟶ 连接顺序不明确。

单线表示法 ⟶ 标注清晰连接相对应的文字符号。

汇总线束

在每根连接线的末端注上相同的标记符号；汇接处用斜线表示，其方向应易于识别连接线进入或离开汇总线的方向。

汇总线束

当需要表示导线的根数时，可按上图所示那样表示。这种形式在动力、照明平面布置（布线）图中较为常见。

连接线的中断表示法

中断线的使用场合及表示方法常有以下三种。

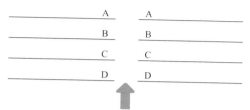

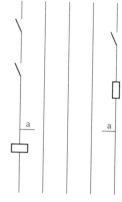

去向相同的导线组，在中断处的两端标以相应的文字符号或数字编号。

连接线穿越图线较多的区域时，将连接线中断，并在中断处加相应的标记。

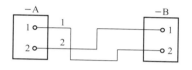 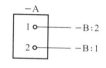

两功能单元或设备、元器件之间的连接线，用文字符号及数字编号表示中断。

电气设备特定接线端子和特定导线线端的识别

特定导线直接或通过中间电器相连的电气设备接线端子应按下表所示的字母进行标记。

导体名称		标记符号			
		导线线端		电气设备端子	
		新符号	旧符号	新符号	旧符号
交流系统电源	导体一相	L1	A	U	D1
	导体二相	L2	B	V	D2
	导体三相	L3	C	W	D3
	中性线	N	N	N	0
直流系统电源	导体正极	L+	+	C	
	导体负极	L−	−	D	
	中间线	M		M	
保护接地（保护导体）		PE		PE	
不接地保护导体		PU		PU	
中性保护导体（保护接地线和中性线共用）		PEN		—	
接地导体（接地线）		E		E	
低躁声（防干扰）接地导体		TE		TE	
机壳或机架连接		MM[①]		MM[①]	
等电位连接		CC[①]		CC[①]	

① 只有当这些接线端子或导体与保护导体或接地导体的电位不等时，才采用这些识别标记。

对绝缘导线作标记，是为了区别电路中的导线和已经从其连接端子上拆下来的导线。国家标准 GB 4884—1985 对绝缘导线的标记作了规定，但电器（如旋转电机和变压器）端子的绝缘导线除外，其他设备（如电信电路或包括电信设备的电路）仅作参考。

主标记

只标记导线或线束的特征，而不考虑其电气功能的标记系统，称为主标记。主标记又分为从属标记、独立标记和组合标记三种。

从属标记 →　以导线所连接的端子的标记或线束所连接的设备的标记为依据的导线或线束的标记系统，称为从属标记。

两根导线和线束（电缆）从属两端标记示例

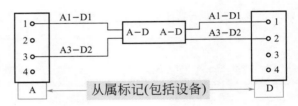

在单独使用端子标记将引起混淆时，则导线标记必须包括设备标记。

两根导线从属两端标记示例

对于导线，其每一端都标出与本端连接的端子标记及与远端连接的端子标记。

两根导线从属本端标记示例

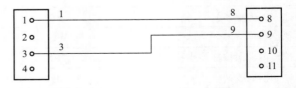

对于导线，其终端的标记与其所连接的端子标记相同；对于线束，其终端的标记标出其所连接的设备部件。

三根导线和
线束(电缆)
从属远端标
记示例

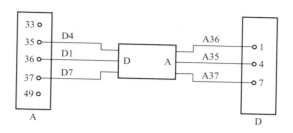

此图比之前两端标记更为简单，并便于确定故障点和进行维修，但它通常需要另画接线图或接线表，以便接线在拆下后都能正确进行连接。

独立标记 ⟶ 独立标记是与导线所连接的端子的标记或线束所连接的设备的标记无关的导线或线束的标记系统，通常用线路回路标号标记。

两根导线组
合标记示例

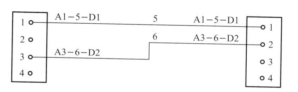

导线独立标
记和线束
(电缆)从属
两端标记的
示例

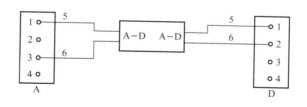

组合标记 ⟶ 组合标记是从属标记与独立标记混合使用的标记系统，允许简化导线上可能需要的中间标记。

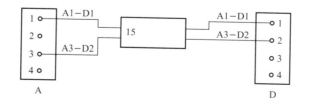

　　补充标记用于对主标记作补充，它是以每一导线或线束的电气功能为依据进行标记的系统。

　　补充标记可以用字母或数字表示，也可以用颜色标记或有关符号表示。补充标记分为功能标记、相位标记、极性标记等。

功能标记 ━━▶ 功能标记是分别考虑每一导线的功能（例如开关的闭合或断开、位置的表示、电流或电压的测量等），或者一起考虑几根导线的功能（电热、照明信号、测量电路）的补充标记。

相位标记 ━━▶ 相位标记是表明导线连接到交流系统的某一相的补充标记。相位标记采用大写字母、数字或两者兼用表示相序，如下表所示。

系统	交流三相系统					直流系统	
母线	第一相L1（A）	第二相L2（B）	第三相L3（C）	N线及PEN线	PE线	正极L+	负极L–
涂色	黄	绿	红	淡蓝	黄绿双色	褚	蓝

　　交流系统中的中性线必须用字母N标明。同时，为了区别裸导线的相序，利于运行维护和检修，国家标准对三相交流系统中的裸导线涂色作出了规定。

极性标记 ━━▶ 极性标记是表明导线连接到直流电路的某一极的补充标记。用符号标明直流电路导线的极性时，正极用"＋"标记，负极用"－"标记，直流系统的中间线用字母M标明。如可能发生混淆，则负极标记可用"（－）"表示。

保护导线和接地线的标记 ━━▶ 在任何情况下，字母或数字的排列应便于阅读。它们可以排成列，也可以排成行，并应从上到下、从左到右、靠近连接线或元器件图形符号排列。

1.4 识读电气图的基本要求和步骤

1.4.1 识图的基本要求

在掌握电气制图的一般规则、熟悉电气图中常用的图形符号、文字符号和项目代号，以及电气图的基本构成、分类、主要特点和绘制电气图的一般规则的基础上，本节讲述电气识图的基本要求和基本步骤，为以后识读各类电气图提供总体思路和引导。

电工识图要做到"五个结合"。

结合电工基础知识识图 → 各种变配电所、电力拖动、照明以及电子电路等的设计，都离不开电工基础知识，例如变配电所中各电路的串、并联设计及计算，为提高功率因数而采用补偿电容的设计与计算。为了正确而迅速地识图，具备良好的电工基础知识是十分重要的。

结合电气元器件的结构和工作原理识图 → 电路由各种元器件、设备、装置组成，例如电子电路中的电阻、电容、各种半导体管等，供配电高低压电路中的变压器、隔离开关、断路器、互感器、熔断器、避雷器、继电器、接触器、控制开关以及各类型高低压柜、屏等，必须掌握它们的用途、主要构造、工作原理及与其他元器件的相互关系（如连接、功能及位置关系），才能看懂电路图。

结合典型电路识图 → 典型电路即常见、常用的基本电路。如供配电系统中电气主接线最常见、常用的是单母线接线，由此可导出单母线不分段、单母线分段，而由单母线分段区分是隔离开关（低压电路为刀开关）分段还是断路器分段。一张复杂的电路图总是由典型电路派生而来的，或者是由若干典型电路组合而成的。在识图时，抓住典型电路，分清主次环节及其与其他部分的相互联系是很重要的。

结合电气图的绘制特点识图 → 掌握电气图的主要特点及绘制电气图的一般规则，例如电气图的布局、图形符号及文字符号的含义、图线的粗细、主副电路的位置、触点的画法，对识图也是大有帮助的。

结合其他专业技术图识图 → 土建图（土建工程图）、管道图、机械设备图等往往与电气图密切相关，各种电气布置图更是如此。因此，电气图应与相关图样一并识读。

1.4.2　识图的一般步骤

根据电气项目类别（如供配电、电力拖动、电子技术等）及其规模的不同，电气图的种类及数量相差甚多，电气图识读的内容及步骤也有所差别，甚至同一电气类别的电气图的阅读，也可能要交叉进行。这里按电气图类别分为两种情况分别叙述。

1　看图样说明　→　阅读内容包括首页的图样目录、技术说明、设备材料明细表和设计、施工说明书等，由此对工程项目的设计内容及总体要求大致有所了解，有助于抓住图的重点内容。然后看有关各电气图，看图的基本步骤一般是：从标题栏、技术说明到图形、元件明细表，从总体到局部，从电源到负载，从主电路到副电路，从电路到元件，从上到下，从左到右。

2　看电气原理图（原理接线图）　→　看电气原理图时，先要分清主电路和副电路、交流电路和直流电路，再按照先看主电路、后看副电路的顺序读图。

3　看安装接线图　→　看安装接线图时，同样是先看主电路，再看副电路。看主电路时，从电源引入端开始，经开关设备、线路到负载（用电设备）；看副电路时，从电源的一端到另一端，按元件连接顺序依次对回路进行分析。

4　看展开接线图　→　识读用分开表示法绘制的展开接线图（简称展开图），应结合电气原理图一起进行。

5　看平面图、剖面图、布置图　→　看电气布置图时，要首先了解土建、管道等相关图样，然后看电气设备的位置（包括平面、立面位置），由投影关系详细分析各设备具体位置及尺寸，并弄清各电气设备之间的相互连接关系、线路引入引出走向等。

第2章

建筑电气安装平面图识图 ◀◀◀

2.1 建筑电气图的分类

2.1.1 电力平面图

建筑动力和照明工程图主要包括系统图和平面图，其中以平面图应用最多。表示建筑物的内动力、照明设备和线路平面布置的电气工程图，称为动力与照明平面图。动力与照明平面图上要表示动力和照明线路、设备，如电动机、照明灯具、室内固定用电器具、插座、电扇、配电箱、控制开关的安装位置和接线等。

外线工程平面图

施工总平面图内绘出外线工程图，包含的主要内容有高压架空线路或电缆线路敷设方位以及变电所的位置、数量、容量和形式，低压架空线路的电杆形式、编号、导线型号、截面积及各回路导线的根数等内容。

三相油浸自冷式铜绕组变压器，额定容量315kV·A，高压10kV

配电线路主要用绝缘线和裸线两类，在市区或居民区尽量用绝缘线

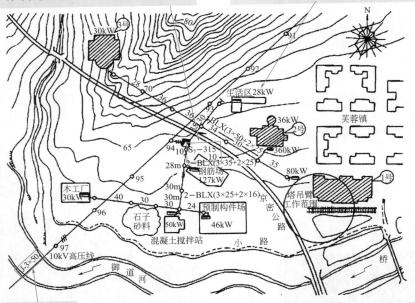

高压线用铝绞线LJ-3×50

电缆平面图比较简单，主要是对电缆型号的识别。电缆按构造及作用不同，可分为电力电缆、控制电缆、电话电缆、射频同轴电缆、移动式软电缆等；电缆按电压不同，可分为低压电缆（小于1kV）和高压电缆。电缆工作电压等级有0.5kV、1kV、6kV、10kV等。

快学巧学 电工识图

动力施工平面图

动力平面图是画在简化了的土建平面图上面。小圆圈表示动力出线口，它是用防水弯头与地面内伸出来的管子相连接的。长方形框表示动力或电气设备的基座。

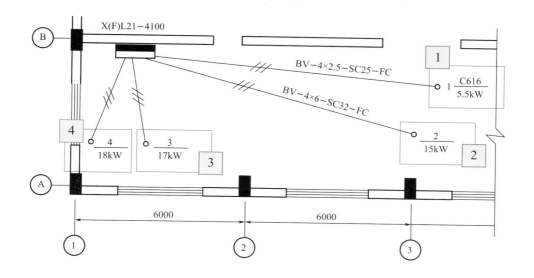

为了清楚地表示设备的安装位置、型号和容量，每个出线口旁边标有规定的次序。a、b、c分别表示设备编号、型号和容量，即 $a\dfrac{b}{c}$。

| 1 | 编号第一支路设备容量为5.5kW | 2 | 第二支路设备容量为15kW |
| 3 | 第三支路设备容量为17kW | 4 | 第四支路设备容量为18kW |

动力管线常用穿钢管保护铜芯橡胶绝缘线（B）或铜芯塑料绝缘线（B），在有腐蚀物的车间要用耐腐蚀的管材，如硬塑料管或镀锌管等。当导线根数很多时，可用槽板配线。有的车间和体育场等需要从空中用电，可以采用钢索配线或电缆托盘配线。

 控制屏、台、箱

控制屏、台、箱是建筑电气设备安装工程中不可缺少的重要设备。它里面装有控制设备、保护设备和测量仪表等。它在电气系统中起的作用是分配和控制各支路的电能，并保障电气系统安全运行。

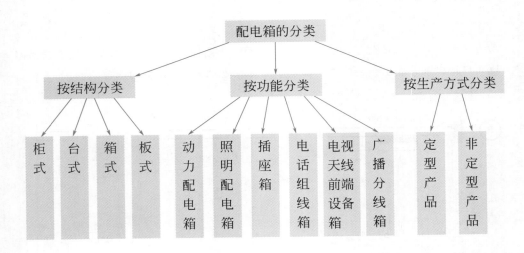

在建筑工程中尽可能用定型产品，如高低压配电柜、控制屏、控制台、控制箱等。如果设计为非定型配电箱，则要用设计的配电系统图和二次接线图到工厂加工定制。

动力配电箱的型号识别

配电箱的型号是用汉语拼音代表的。例如，用X代表配电箱，L代表动力，M代表照明，D代表电表等。XL代表动力配电箱，XM代表照明配电箱。

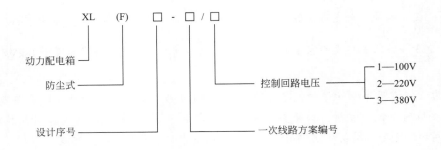

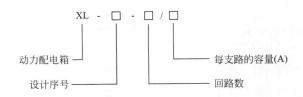

例如，XL-10-4/15表示这个配电箱设计序号是10，有4个回路，每个回路电流15A。

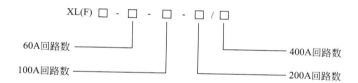

动力配电箱的型号识别

照明配电箱的型号是用字母表示的，其代表含义比较多，可参阅下图。

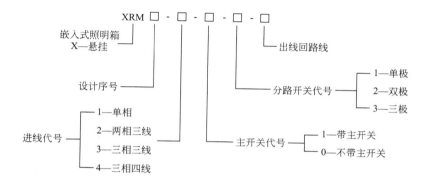

例如，

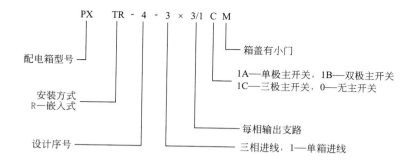

注：序列号"1"指控制单相用电设备，即每相单极开关数系列号，"2""3""4""5""6""7"指控制单相、三相混合用电设备。

2.1.2　电气照明平面图

照明平面图上要表达的主要内容有电源进线位置、导线型号、规格、根数及敷设方式，灯具位置、型号及安装方式，各种用电设备（照明分管箱、开关、插座、电扇等）的型号、规格、安装位置及方式等。

 照明器具的表示方式

照明器具采用图形符号和文字标注相结合的方法表示。照明灯具图形符号、电光源种类代号、灯具安装方式和灯具标注的一般格式参照下表。

序号	图形符号	说明	序号	图形符号	说明
1		深照型灯	7		广照型灯
2		防水防尘灯	8		球形灯
3		局部照明灯	9		矿山灯
4		安全灯	10		隔爆灯
5		天棚灯	11		花灯
6		弯灯	12		壁灯

 表示电光源种类的文字代号

序号	电光源种类	代号	序号	电光源种类	代号
1	氖灯	Ne	7	电发光灯	EL
2	氙灯	Xe	8	弧光灯	ARC
3	钠灯	Na	9	荧光灯	FL
4	汞灯	Hg	10	红外线灯	IR
5	碘钨灯	I	11	紫外线灯	UV
6	白炽灯	IN	12	发光二极管	LED

常用灯具类型的符号

序号	灯具名称	符号	序号	灯具名称	符号
1	普通吊灯	P	8	工厂一般灯具	G
2	壁灯	B	9	荧光灯灯具	Y
3	花灯	H	10	隔爆灯	B（或代号）
4	吸顶灯	D	11	水晶底罩灯	J
5	柱灯	Z	12	防水防尘灯	F
6	卤钨探照灯	L	13	搪瓷伞罩灯	S
7	投光灯	T	14	无磨砂玻璃罩万能灯	Ww

表示灯具安装方式的符号

序号	名称	文字方法		备注
		新符号	旧符号	
1	链吊	C	L	
2	管吊	P	G	
3	线吊	WP	X	不注高度
4	吸顶	—	—	
5	嵌入	R	Q	
6	壁装	Y	B	

灯具标注的一般格式

灯具类型代号　照明器内安装灯泡或灯管的数量　每个灯泡或灯管的功率，单位为W

该场所同类型照明器的个数

$$a\text{-}b\frac{cd}{e}f$$

安装方式代号

照明器底部至地面或楼面的安装高度，单位为m

识图举例

灯具的类型是搪瓷伞罩（铁盘罩）灯（S）

每个灯具内装一个100W的白炽灯

$$6\text{-}S\frac{1\times100}{2.5}C$$

采用链吊式（C）方法安装

该场所安装6盏这种类型的灯

安装高度为2.5m

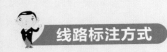 **线路标注方式**

在电力线路和照明线路的平面图上采用图线和文字符号相结合的方法进行标注，表示出线路的走向，导线的型号、规格、根数、长度以及线路配线方式。线路标注的一般格式如下。

回路标号-型号-电压（kV）-根数（或芯数）×截面积-保护管径-敷设部位和方式

识图举例

WL1-BV-0.5-3×6+1×2.5-PVC20V-WC

↓

WL1回路的导线采用0.5kV的铜芯塑料线，其中三根是6mm²，一根是2.5mm²，穿在直径为20mm²的硬质塑料管中，沿墙暗敷，其中参数可查阅下表

导线型号对照表

符号	名称	符号	名称
BX	铜芯橡皮线	RVS	铜芯塑料绞形软线
BV	铜芯塑料线	RVB	铜芯塑料平形软线
BVR	铜芯塑料软线	BLXF	铝芯氯丁橡皮线
BLX	铝芯橡皮线	BXF	铜芯氯丁橡皮线
BBLX	铝芯玻璃丝橡皮线	LJ	裸铝绞线

线路敷设部位的文字符号表

名称	符号	名称	符号	名称	符号
梁	B	地面	F	墙	W
顶棚	CE	构架	R		
柱	C	吊顶	R		

线路敷设方式的文字符号表

名称	符号	名称	符号	名称	符号	名称	符号
暗敷	C	金属软管	F	钢索	M	塑料线卡	PL
明敷	E	水煤气管	G	金属线槽	MR	塑料线槽	PR
铝皮线卡	AL	钢管	S	电线管	TC		
电缆桥梁	CT	瓷绝缘子	K	硬质塑料管	PVC		

电气平面图

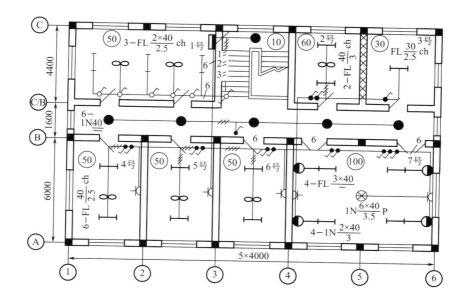

建筑平面概况 → 为了清楚地表示线路、灯具的布置，图中按比例用细实线简略地绘制出了该建筑物的墙体、门窗、楼梯、承重梁柱的平面结构。至于具体尺寸，可查阅相关的土建图。

照明线路 → 共有三种不同规格敷设的线路。例如，照明分干线MFG为BLV-500-2×6-PC20-WC，表示采用塑料绝缘导线（BLV），2根截面积为6mm²，穿在直径为20mm的硬质塑料管(PC20）中沿墙暗敷（WC）。

照明设备 → 图示照明设备有灯具、开关、插座、电扇等，照明灯具有荧光灯、吸顶灯、壁灯、花灯等。

供电系统图

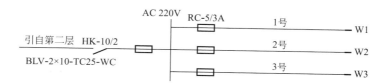

从系统图可见，该楼层电源引自第二层，单相交流220V，经照明配电箱XMI-16分成（1～3）MFG三条分干线，送到1～7号各房间。

建筑电气安装平面图识图

2.2.1 车间电力平面图识图

车间电力平面图

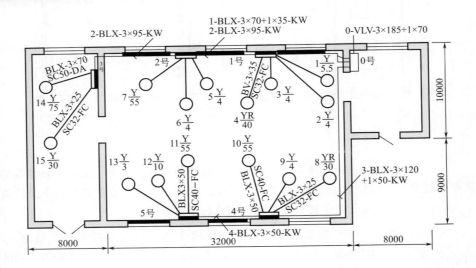

车间电力干线配置表

线缆编号	线缆型号及规格	连接点		长度/m	敷设方式
		I	II		
0	VLV-3×185+1×70	42号杆	0号配电柜	150	电缆沟
1	BLX-3×70+1×35	0号配电柜	1、2号配电箱	18	KW
2	BLX-3×95	0号配电柜	3号配电箱	25	KW
3	BLX-3×120+1×50	0号配电柜	4号配电箱	40	KW
4	BLX-3×50	4号配电箱	5号配电箱	50	KW

　　该建筑物（车间）主要由三个房间组成，这三个房间的建筑面积分别为8m×19m、32m×19m和10m×8m。这一电力平面图比较详细地表示了各电力配电线路（干线、支线）、配电箱、各电动机等的平面布置及其有关内容。

配电干线

　　图中比较详细地描述了这些配电线路的布置，如线缆的布置、走向、型号、规格、长度（由建筑物尺寸数字确定）、敷设方式等。例如，由总电力配电箱（0号）至4号配电箱的线缆，图中标注为BLX-3×120+1×50-KW，表示导线型号为BLX，截面积为$3 \times 120 + 1 \times 50\,mm^2$，沿墙采用瓷绝缘子敷设（KW），其长度约40m。

电力配电箱

　　这个车间一共布置了5个电力配电柜、箱，其中：

1号配电箱	➡	布置在主车间，4回出线。
2号配电箱	➡	布置在主车间，3回出线。
3号配电箱	➡	布置在辅助车间，2回出线。
4号配电箱	➡	布置在主车间，3回出线。
5号配电箱	➡	布置在主车间，3回出线。

电力设备

　　各种电动机按序编号为1～15，共15台电动机。图中分别表示了各电动机的位置、电动机的型号与规格等。由于这个图是按比例绘制的，因此电动机的位置可用比例尺在图上直接量取，必要时还应参阅有关的建筑基础平面图、工艺图等来确定。

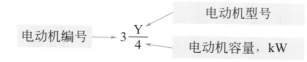

配电支线

　　图示各小容量电动机，均采用BLX型导线（铝芯橡皮绝缘线），3根相线截面积均为$2.5\,mm^2$，穿入管径为15mm的钢管（SC15），沿地板暗敷（FC）。较大容量电动机的配线情况分别标注在图上。

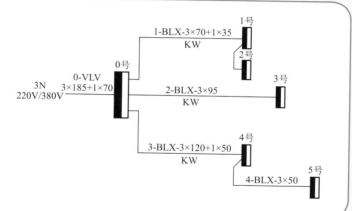

2.2.2 低压配电线路平面图识图

下例为某建筑工程外电总平面图，主要表示10kV电源进线经配电变电所降压后，采用380V架空线路分别送至1～6号建筑物的情况。

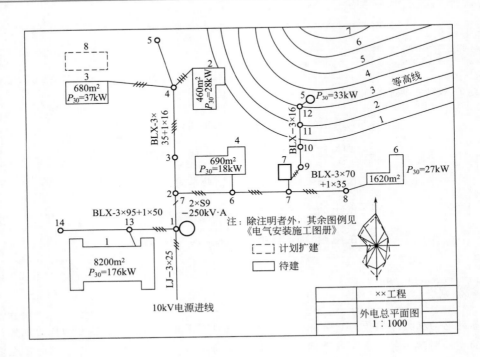

1 | 配电变电所的形式，图中为柱上式，装有2×S9-250kV·A的变压器。

2 | 架空线路电杆的编号和位置，图中杆号依次编为1～14号。

3 | 导线的型号、截面积和每回路根数，例如10kV电源进线为LJ-3×25，去1号建筑物的导线为BLX-3×95+1×50。

该平面图特点

为了清楚地表示线路去向，图中绘制出各用电单位的建筑平面外形、建筑面积和用电负荷（计算负荷P_{30}）大小。

图中用风向频率标记（风玫瑰图）表示了该地区常年风向情况（常年以北风、南风为主），这对线路安装和运行有某种参考依据。图中还标出了方位。

简要绘制了供电区域的地形，如用等高线表示了地面高程，为线路安装提供了必要的环境条件。

线路的长度未标注尺寸，但这个图是按比例（1：1000）绘制的，可用比例尺直接从图中量出导线的长度。

照明系统电气图识图

2.3.1 楼宇一层电气照明平面图识图

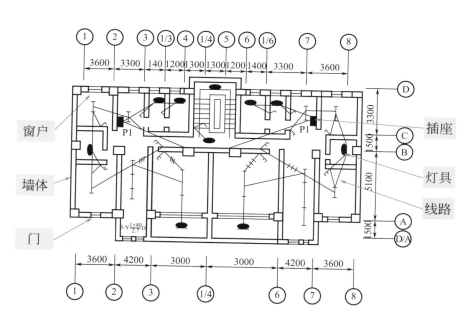

上图是其中一个单元的供电系统图，其电源引线由电度表箱引入，进入一个总开关（C45N-2/3P-40A），再由各负载分开关分支出去。

$$\frac{BV-50-2\times10+1\times6-G32}{-QA/DA} \quad \frac{C45N-2/3P}{Q} \diagup 40A$$

照明线路采用BV-500型号、截面积为1.5mm²的两根穿管沿墙和沿地敷设。采用共头接线法。对于用电量比较大的插座，分别由配电箱直接分配，如厨房的电炊器插头、卫生间的电热水器插座。而对于一般小负荷的电插座则共用一条支线。

C45N-2/1P BV-500-3×2.5-G16-DA / 10A	插座
C45N-2/1P BV-500-3×2.5-G16-DA / 15A	电炊器
C45N-2/1P BV-500-3×2.5-G16-DA / 15A	电热水器
C45N-2/1P BV-500-3×2.5-G16-DA / 15A	电热水器
C45N-2/1P / 15A	空调
C45N-2/1P BV-500-2×1.5-G16-DA / 6A	照明
C45N-2/1P BV-500-3×2.5-G16 / 15A	备用

第2章 建筑电气安装平面图识图

2.3.2　建筑第三层电气照明平面图识图

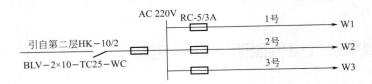

　　从系统图可见，该楼层电源引自第二层，单相交流220V，经照明配电箱XM1-16分成（1～3）MFG三条分干线，送到1～7号各房间。

建筑第三层平面图 -

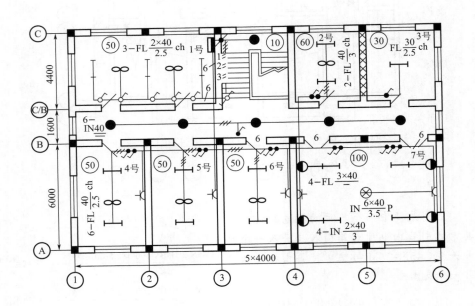

| 建筑平面
概况 | → | 　　为了清楚地表示线路、灯具的布置，图中按比例用细实线简略地绘制出了该建筑物的墙体、门窗、楼梯、承重梁柱的平面结构。至于具体尺寸，可查阅相关的土建图。 |

　　用定位轴线横向1～6及纵向A、B、B/C、C和尺寸表示了各部分的尺寸关系。负荷后的"施工说明"中已说明了楼层结构等，为照明线路和设备安装提供了土建资料。

| 照明线路 → | 共有三种不同规格敷设的线路。例如，照明分干线MFG为BLV-500-2×6-PC20-WC，表示采用塑料绝缘导线（BLV），2根截面积为6mm²，穿在直径20mm的硬质塑料管（PC20）中沿墙暗敷（WC）。 |

照明线路 → 共有三种不同规格敷设的线路。例如，照明分干线MFG为BLV-500-2×6-PC20-WC，表示采用塑料绝缘导线（BLV），2根截面积为6mm²，穿在直径20mm的硬质塑料管（PC20）中沿墙暗敷（WC）。

照明设备 → 图示照明设备有灯具、开关、插座、电扇等，照明灯具有荧光灯、吸顶灯、壁灯、花灯等。灯具的安装方式有链吊式（ch）、管吊式（P）、吸顶式（s）、壁式（w）等。

图上位置 → 由定位轴线和标注的有关尺寸，可以很简单地确定设备、线路的安装位置，并计算出线管长度。

建筑第三层负荷统计表

线路编号	供电场所	负荷统计			
		灯具/个	电扇/个	插座/个	计算负荷/kW
1号	1号房间、走廊、楼道	9	2		0.41
2号	4、5、6号房间	6	3	3	0.42
3号	2、3、7号房间	12	1	2	0.48

建筑第三层施工说明

1　该层层高4m，净高3.88m，楼面为混凝土板。

2　导线及配线方式：电源引自第二层，总线为PG-BLV-500-2×10-TC25-WC，分干线为（1～3）MFG-BLV-500-2×6-PC20-WC，各支路为BLVV-500-2×2.5-PC15-WC。

3　配电箱为XM1-16型，并按系统图接线。

>> 特殊提示

有些电气图有机械有电气，需要先读机，就是应该先了解生产机械的基本结构、运行情况、工艺要求和操作方法，以便对生产机械的结构及其运行情况有总体了解；后读电，就是在了解生产机械的基础上进而明确对电力拖动的控制要求，为分析电路做好前期准备。

消防安全系统电气图识图

2.4.1 消防安全系统组成

在现代建筑中，人员、物资、设施的安全是十分重要的。这种"安全"主要是指火灾、报警、消防、排烟等，由此而构成了现代建筑中的安全系统。

在安全系统中，探测、报警、控制等电气元器件、装置、线路等是最重要的部分之一。以这些部分作为描述对象的电气图，称为安全系统电气工程图。

消防安全系统的工作原理如下。

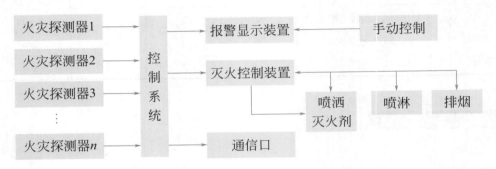

构成消防安全系统的主要电气元器件、装置和线路有以下几部分。

1	火灾探测器	火灾探测器是自动控制系统的检测元件，根据传感器器件的不同，它可分为感烟式、感温式、光电式和可燃气体式四大类。它的功能是检测即将着火或已经着火的信号，并将该信号转换为开关量或模拟量电信号。
2	控制系统	控制系统是消防安全系统的核心部分，起到检测、处理、控制的作用。控制系统根据是否装有自动灭火系统，可分为火灾自动报警装置和火灾自动报警灭火系统。前者只能给出火灾声光报警；后者不但能给出声光报警，而且可使自动灭火系统投入工作。
3	声光报警显示器	声光报警显示器是显示火灾事故发生的时间、地点并发出报警的装置，它包括声光报警设备（如火灾蜂鸣器、火灾警铃、火灾事故广播等）和显示设备（如火灾信号灯、光字牌、CRT等）。
4	灭火执行装置	当控制系统发出启动自动灭火装置信号时，灭火执行装置就控制灭火设施投入工作，如启动消防泵，打开消防栓，消防水进入自动喷淋系统进行灭火；对于采用化学灭火剂的系统，就打开释放阀，进行喷洒灭火。

2.4.2 建筑内消防安全系统图识图

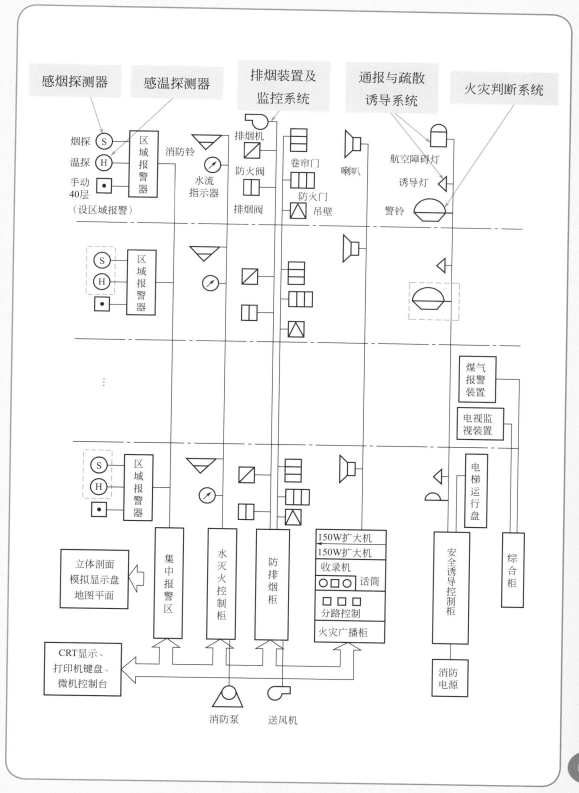

| 1 | 火灾判断系统 | → | 主要由各楼层区域报警器和大楼集中报警器组成。 |

| 2 | 火灾探测器 | → | 主要由分布在1~40层各个区域的多个探测器网络构成。图中，S为感烟探测器，H为感温探测器，手动装置主要供调试和平时检查试验用。 |

| 3 | 通报与疏散诱导系统 | → | 由消防紧急广播、事故照明、避难诱导灯、专用电话等组成。当楼中人员听到火灾报警之后，可根据诱导灯的指示方向撤离现场。 |

| 4 | 灭火设施 | → | 由自动喷淋系统组成。当火灾广播之后，延时一段时间，总监控台就使消防泵启动，建立水压，并打开着火区域消防水管的电磁阀，使消防水进入喷淋管路进行喷淋灭火。 |

| 5 | 排烟装置及监控系统 | → | 由排烟阀门、抽排烟机及其电气控制系统组成。由上图可见，该建筑物一层平面有四个探测区域，火灾探测器分布如下图所示。 |

火灾探测器平面布置图

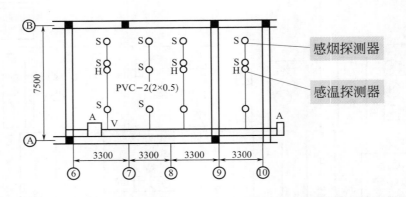

>> 特殊提示

在火灾探测器平面布置图中，⑥~⑨间隔内，由于有突出的梁隔开，故划分为1~3三个探测区域。

图中在1、3、4探测区域内各装了一个感温探测器，每个探测区域各装三个感烟探测器。

2.5 防盗保安系统电气图识图

2.5.1 防盗保安系统组成

防盗保安系统是指为了防止坏人非法侵入建筑物并对人员和设施起安全防护的系统。它主要由防盗报警器、电磁门锁、摄像机、监视器等部分组成。

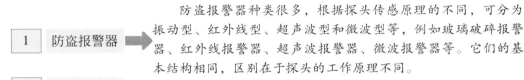

1 防盗报警器 ➡ 防盗报警器种类很多，根据探头传感原理的不同，可分为振动型、红外线型、超声波型和微波型等，例如玻璃破碎报警器、红外线报警器、超声波报警器、微波报警器等。它们的基本结构相同，区别在于探头的工作原理不同。

2 对讲自动门锁装置 ➡ 对讲自动门锁装置分为可视和不可视两种。

不可视对讲系统

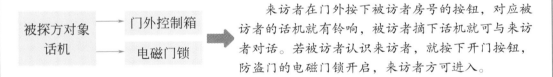

被探方对象话机 → 门外控制箱 / 电磁门锁 ➡ 来访者在门外按下被访者房号的按钮，对应被访者的话机就有铃响，被访者摘下话机就可与来访者对话。若被访者认识来访者，就按下开门按钮，防盗门的电磁门锁开启，来访者方可进入。

可视对讲系统

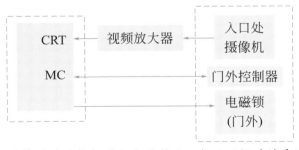

可视对讲自动门锁装置的结构框图如上图所示，与不可视对讲系统相比，它增加了一个可视回路，在入口处装有一个摄像机，获得的视频信号经传输线送入被访者的监视器，经放大后可在CRT上看出来访者的容貌，确认后方可开门。

防盗保安系统电气图通常由系统图或框图、电路图、接线图、平面布置图等组成。

2.5.2 楼宇对讲防盗门锁装置电气图识图

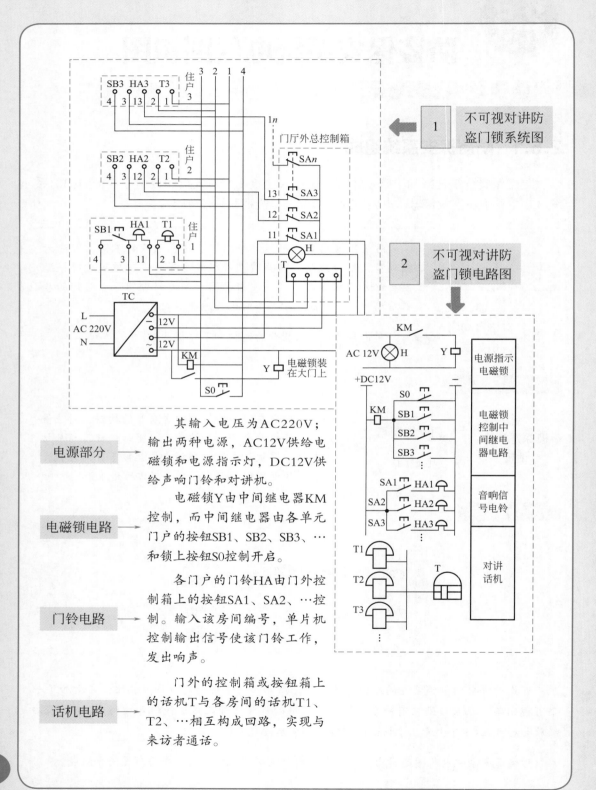

不可视对讲防盗门锁系统图 1

不可视对讲防盗门锁电路图 2

电源部分 → 其输入电压为AC220V；输出两种电源，AC12V供给电磁锁和电源指示灯，DC12V供给声响门铃和对讲机。

电磁锁电路 → 电磁锁Y由中间继电器KM控制，而中间继电器由各单元门户的按钮SB1、SB2、SB3、…和锁上按钮S0控制开启。

门铃电路 → 各门户的门铃HA由门外控制箱上的按钮SA1、SA2、…控制。输入该房间编号，单片机控制输出信号使该门铃工作，发出响声。

话机电路 → 门外的控制箱或按钮箱上的话机T与各房间的话机T1、T2、…相互构成回路，实现与来访者通话。

第3章

工厂供配电系统
电气线路识图 ◄◄◄

3.1 工厂供配电系统基础

3.1.1 电力系统组成

工厂供电就是指工厂所需电能的供应和分配，亦称工厂配电。众所周知，电能是现代工业生产的主要能源和动力，电能既易于由其他形式的能量转换而来，又易于转换为其他形式的能量。电能的输送和分配既简单经济，又便于控制、调节和测量，有利于实现生产过程自动化。因此，电能在现代工业生产及整个国民经济生活中应用极为广泛。

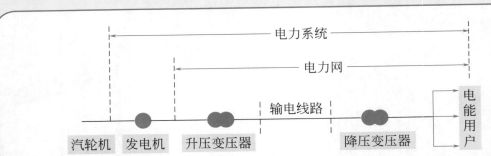

为了提高供电的可靠性和经济性，目前通过联络线路，将各单独供电的发电厂联合起来并联运行。

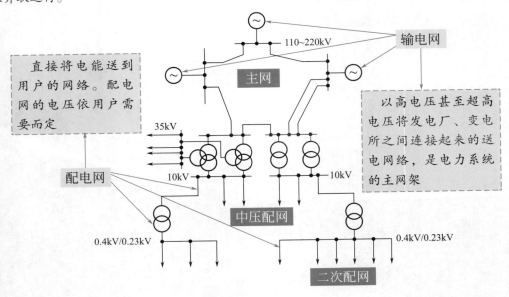

3.1.2　一次系统图的分类

在一个电力网中，按照供电电压的不同，分为高压供电网和低压供电网；再细分之则按不同的接线方式，一般分为放射式、树干式和环式三种基本形式。

 工厂高压线路基本接线方式

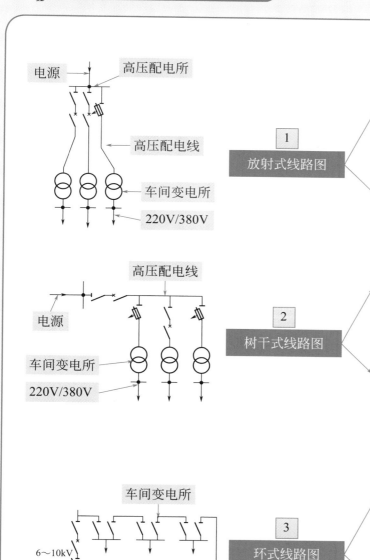

放射式线路之间互不影响，因此供电可靠性较高，而且便于装设自动装置；但是高压开关设备用得较多，且每台高压断路器必须装设一个高压开关柜，从而使投资增加。

这种放射式线路发生故障或检修时，该线路所供电的负荷都要停电。

与放射式线路相比，能减少线路的有色金属消耗量，采用的高压开关数量少，投资较省。

但是供电可靠性较低，当高压配电干线发生故障或检修时，接在干线上的所有变电所都要停电，且在实现自动化方面适应性较差。

环形接线实质上是两端供电的树干式接线。这种接线方式在现代化城市电力网中应用很广。

为了避免环形线路上发生故障时影响整个电力网，也为了便于实现线路保护的速断性，因此大多数环形线路采用"开口"运行方式。

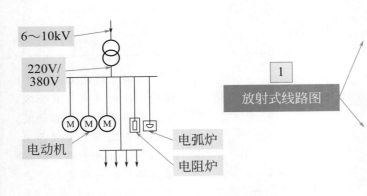

引出线发生故障时互不影响，供电可靠性较高。

但是一般情况下，其有色金属消耗量较多，采用的开关设备也较多。放射式接线多用于设备容量大或对供电可靠性要求高的设备供电。

树干式接线在机械加工车间、工具车间和机修车间中应用比较普遍，而且多采用成套的封闭型母线，灵活方便，也较安全。

树干式接线的特点正好与放射式接线相反。一般情况下，树干式采用的开关设备较少，有色金属消耗量也较少，但干线发生故障时影响范围大，因此供电可靠性较低。

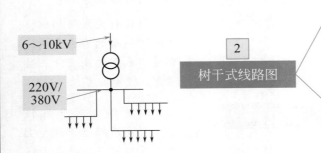

工厂内的一些车间变电所低压侧一般也通过低压联络线相互连接成为环形。环形接线供电可靠性较高。

环形接线可使电能损耗和电压损耗减小，但是环形系统的保护装置及其整定配合比较复杂。如配合不当，容易发生误动作，反而扩大故障停电范围。

3.1.3　二次系统图的分类

一次设备（也称主设备）是构成电力系统的主体，而二次设备则起到对一次设备的控制、调节、保护和监测的作用。一次设备称为一次回路，二次设备则称为二次回路。

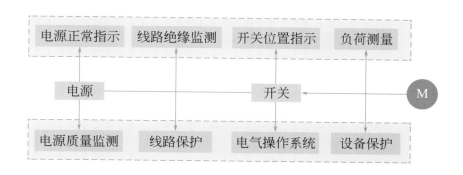

按照用途，通常将二次回路图分为原理接线图和安装接线图两大类。

原理接线图

原理接线图以清晰、明显的形式表示出仪表、继电器、控制开关、辅助触点等二次设备和电源装置之间的电气连接及其相互动作的顺序和工作原理。它通常有归总式原理接线图和展开式原理接线图两种形式。

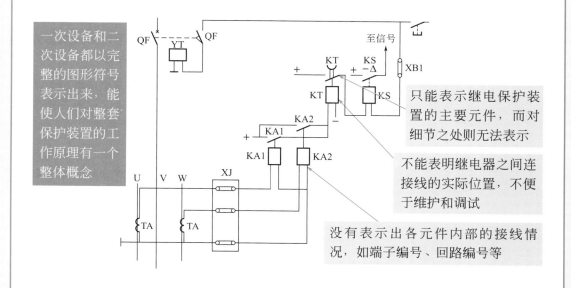

展开式原理接线图

展开式原理接线图简称展开图，以分散的形式表示二次设备之间的电气连接。

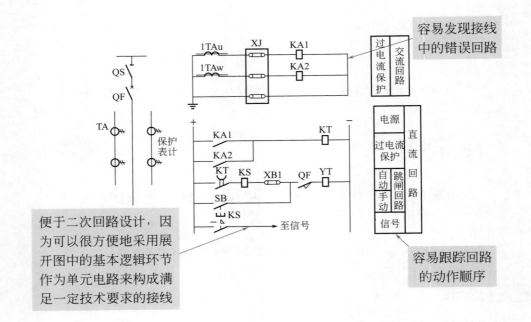

容易发现接线中的错误回路

便于二次回路设计，因为可以很方便地采用展开图中的基本逻辑环节作为单元电路来构成满足一定技术要求的接线

容易跟踪回路的动作顺序

二次回路图的逻辑性很强，在绘制时遵循着一定的规律，看图时若能抓住此规律就很容易看懂。

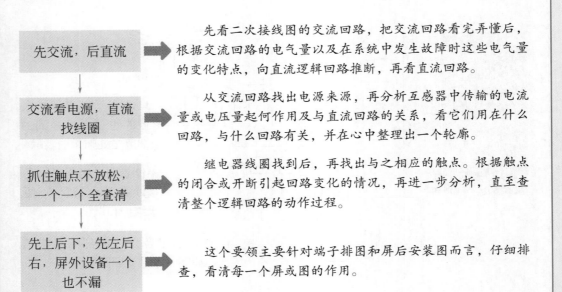

先交流，后直流 ➡ 先看二次接线图的交流回路，把交流回路看完弄懂后，根据交流回路的电气量以及在系统中发生故障时这些电气量的变化特点，向直流逻辑回路推断，再看直流回路。

交流看电源，直流找线圈 ➡ 从交流回路找出电源来源，再分析互感器中传输的电流量或电压量起何作用及与直流回路的关系，看它们用在什么回路，与什么回路有关，并在心中整理出一个轮廓。

抓住触点不放松，一个一个全查清 ➡ 继电器线圈找到后，再找出与之相应的触点。根据触点的闭合或开断引起回路变化的情况，再进一步分析，直至查清整个逻辑回路的动作过程。

先上后下，先左后右，屏外设备一个也不漏 ➡ 这个要领主要针对端子排图和屏后安装图而言，仔细排查，看清每一个屏或图的作用。

3.2 一次系统图识图举例

3.2.1 大型工厂供电系统图识图

　　根据前面的介绍，接下来以某大型工厂的供电系统为例，该系统构成主要由两台主变压器T1、T2及四个汇流排（母线）构成。

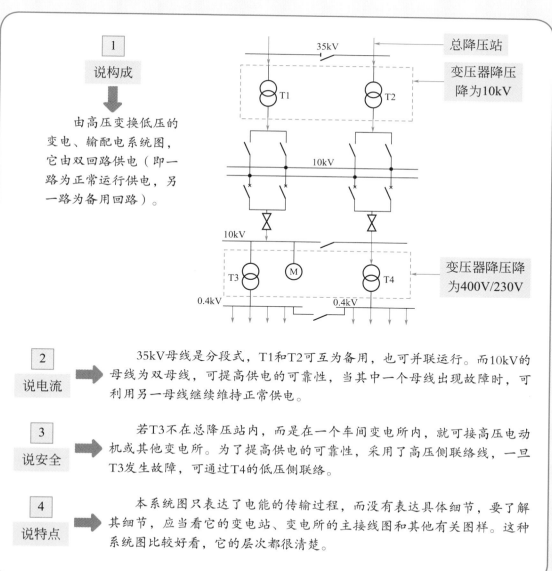

1 说构成
由高压变换低压的变电、输配电系统图，它由双回路供电（即一路为正常运行供电，另一路为备用回路）。

2 说电流
35kV母线是分段式，T1和T2可互为备用，也可并联运行。而10kV的母线为双母线，可提高供电的可靠性，当其中一个母线出现故障时，可利用另一母线继续维持正常供电。

3 说安全
若T3不在总降压站内，而是在一个车间变电所内，就可接高压电动机或其他变电所。为了提高供电的可靠性，采用了高压侧联络线，一旦T3发生故障，可通过T4的低压侧联络。

4 说特点
本系统图只表达了电能的传输过程，而没有表达具体细节，要了解其细节，应当看它的变电站、变电所的主接线图和其他有关图样。这种系统图比较好看，它的层次都很清楚。

3.2.2 中型工厂供电系统图识图

该中型工厂供电系统图由一个高压配电单元和三个低压配电单元构成。

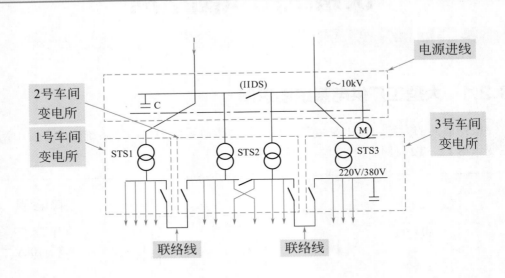

| 1 说构成 | 高压配电所接收地区6~10kV电网的电能，然后分配给各车间变电所，再由车间变电所转换为220V/380V的电压配给用电设备。 |

1 说构成 高压配电所接收地区6~10kV电网的电能，然后分配给各车间变电所，再由车间变电所转换为220V/380V的电压配给用电设备。

2 说电流 从上图可看出，该厂的高压配电所有两条6~10kV的电源进线，分别接在高压配电所的两段母线上。这两段母线间装有一个分段隔离开关，形成"单母线分段制"供电。在任一条电源进线发生故障或进行检修而被切除后，可以利用分段隔离开关来恢复对整个配电所的供电。

3 说线路 分段隔离开关闭合，整个配电所由一条线路供电，通常这条线路从公共电网（地区电网）引来；而另一条线路作为备用，通常接到邻近工厂的电源进线。高压配电所有四条高压输电线路，分别送给三个车间变电所。其中两条供给2号车间变电所（分别来自两段母线），而其他两条分别送给1号、3号车间变电所。

4 说特点 这张图仅表达了这个工厂电能的传输过程，没有给出具体变配电所的配电装置名称、参数等，而且是一个单线系统图，但它对该厂的供电过程表达得非常清楚。看这种系统图，关键要抓住电能流向，即从"能量流""信息流"来分析系统图，把它的流向搞清楚了。

3.3 二次系统图识图举例

3.3.1 高压断路器控制电路图识图

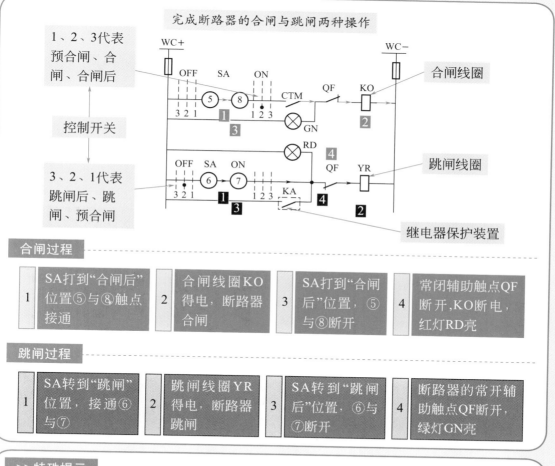

完成断路器的合闸与跳闸两种操作

1、2、3代表预合闸、合闸、合闸后

控制开关

3、2、1代表跳闸后、跳闸、预合闸

合闸线圈

跳闸线圈

继电器保护装置

合闸过程

1	SA打到"合闸后"位置⑤与⑧触点接通
2	合闸线圈KO得电，断路器合闸
3	SA打到"合闸后"位置，⑤与⑧断开
4	常闭辅助触点QF断开,KO断电，红灯RD亮

跳闸过程

1	SA转到"跳闸"位置，接通⑥与⑦
2	跳闸线圈YR得电，断路器跳闸
3	SA转到"跳闸后"位置，⑥与⑦断开
4	断路器的常开辅助触点QF断开，绿灯GN亮

>> **特殊提示**

看这种控制电路图，首先要了解这个电路的功能是什么，或者说它要完成哪些功能，然后进一步了解电路中各元件（一般可从元件表和设计说明书中了解到）所起到的作用，这样就可围绕电路的功能来分析电路的工作原理或过程。

最后按找到的元件或触点往回推，就能分析出完成这些功能的全部过程，这种看图方法称为逆推法。先读懂元件作用这个主要环节之后，就可再分析其他环节（如指示灯的亮灭过程和指示含义）。

第3章 工厂供配电系统电气线路识图

057

3.3.2 带时限过电流保护回路的电路图识图

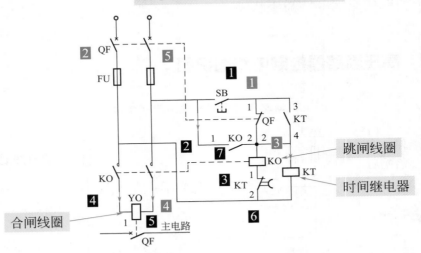

该电路主要完成断路器的合闸操作

跳闸线圈

时间继电器

合闸线圈

主电路

1	按下合闸按钮SB	**2**	合闸接触器KO得电	**3**	时间继电器KT也得电	**4**	KO的常开触点闭合	**5**	电磁铁线圈YO得电

设置时间继电器的作用有两个：防止合闸线圈YO长时间通电而过热烧毁（因为它是短时工作制的）、KT的常开触点是用来"防跳"的。

KO线圈失电，其常开触点断开	**7**		当KT的延时时间到时，KT的常闭触点断开	**6**

1	按下合闸按钮SB或粘住时	**2**	断路器QF所在的电路存在着永久性短路时，则继电保护装置就会使断路器QF跳闸，这时断路器的常闭触点QF（1、2）闭合	**3**	合闸接触器KO将再次自动得电动作

由于是永久性短路，继电保护装置又动作，使断路器再次跳闸。这时QF的常闭触点又闭合，又使QF再一次合闸	**5**	合闸线圈YO再次通电，断路器QF再次自动合闸	**4**

如此反复地在短路状态下跳闸、合闸（称之为"跳动"现象）

快学巧学 电工识图

058

3.3.3　中央复归式事故音响信号装置电路识图

 不能重复的中央复归式事故音响信号装置电路识图

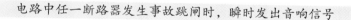

电路中任一断路器发生事故跳闸时，瞬时发出音响信号

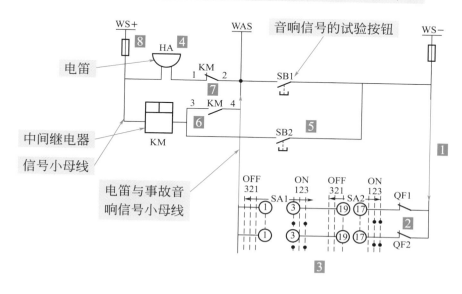

1	任一断路器自动跳闸	2	常闭辅助触点QFi（$i=1、2、\cdots$）回到闭合状态	3	通过控制开关SA（把事故音响信号小母线WAS与信号小母线WS连接起来）	4	使电笛HA有电，发出声响
8	HA失电，解除了音响信号	7	常闭触点KM（1、2）断开	6	使KM有电，其常开触点KM（3、4）闭合，起到自锁作用	5	值班人员得知事故信号后，按下消声按钮SB2

>> **特殊提示**

　　只能使控制开关SA回到预备合闸位置（即复归到起始位置），才能解除KM自锁。故称之为不能重复动作的复归式中央事故信号装置。

　　用反推法来分析：要使电笛发出音响，必须使KM失电，即常闭触点保持在闭合状态，连接电笛与事故音响信号小母线WAS。只当任一断路器满足了"不对应"原理条件（即操作指令为合闸位置，而断路器都处于分闸位置，与指令不相符）时，事故音响小母线WAS与信号小母线WS接通，使电笛有电，发出声响。

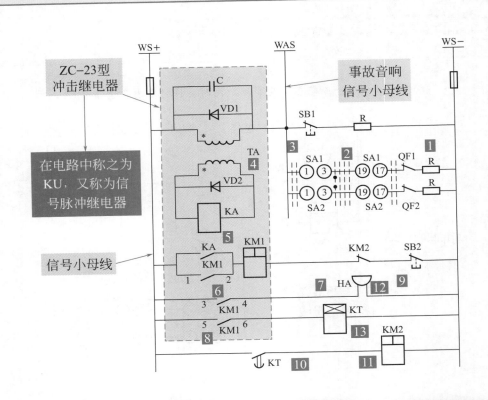

WS+   WAS   WS−

ZC-23型
冲击继电器

事故音响
信号小母线

在电路中称之为
KU，又称为信号
脉冲继电器

信号小母线

1	假设某一台断路器跳闸，以断路器QF1为例	2	由于QF1的常闭触点闭合，而控制开关SA1处于合闸后状态，即1与3、19与17接通	3	事故音响信号小母线WAS与信号小母线WS接通
6	KM1（3、4）闭合，使电笛HA有电	6	KA的常开触点闭合，使KM1有电，其常开触点KM1（1、2）闭合自保	4	KU中的脉冲变换器TA的一次电流开始增加
7	发出断路器自动跳闸声音信号	8	KM1(5、6)闭合，使时间继电器KT有电	9	若在延时时间内值班人员知道断路器跳闸，可通过消声按钮SB2使KM1失电，消除音响
13	时间继电器KT和中间继电器KM2也复位	12	停止HA音响延时	11	KM2常开触点断开，使KM1失电	10	KT的延时时间过后，其延时常开触点闭合

快学巧学
电工识图

第4章

电动机电气控制电路图识图 ◄◄◄

4.1 电动机电气控制电路图识图的方法和步骤

4.1.1 电气控制图表现形式

工厂电气控制系统中的电气控制电路是由各种电器（如接触器、继电器、按钮、开关等）组成的，这些电器的组合能实现电力拖动系统的启动、制动、反向运行、调速和保护等功能。在工厂电气控制系统中，常见的电气控制电路图主要有三种，即电气原理图、接线图和安装图。

电气原理图

工厂中的电气原理图用来表示机床和其他机械装置的动作原理，不表示电器元件的实际结构尺寸、安装位置和实际的接配线方法。电气原理图能够清晰地反映出控制电器和负载的相互关系，以及电气动作原理。电气原理图是绘制安装图和接线图的基本依据，在调试和寻找故障时有重要作用。

工厂中常见机床控制系统的电气原理图的绘制特点是将主电路和辅助电路分开绘制。

| 主电路 | ← → | 辅助电路 |

一般把交流电源和起拖动作用的电动机之间的电路称为主电路。

↓

由电源开关、熔断器、热继电器的热元件、接触器的主触点、电动机以及其他按要求配置的启动电器等电器元件连接而成。

↓

主电路用粗实线画在辅助电路的左侧或上部。

↓

接触器的主触点、热继电器的发热元件画在主电路中。

除了主电路以外的电路称为辅助电路。

↓

辅助电路的结构和组成元件随控制要求的不同而变化，辅助电路中通过的电流一般较小（在5A以下）。

↓

辅助电路用细实线画在主电路的右侧或下部。

↓

将接触器的线圈和辅助触点、热继电器的常闭触点画在辅助电路中。

看图时要注意：无论主电路或辅助电路，凡标有相同项目代号的就是同一个电器元件。电路图中的开关、接触器和继电器的触点都是按照正常状态，即没有电压、电流以及外力作用的情况绘制的。

接线图

接线图是电气原理图具体的实现形式，可直接用于安装配线，现场中常被称为电气安装接线图。

接线图作用和特点

作用 ➡ 电气安装接线图只表示电器元件的安装位置、实际配线方式，而不明确表示电路原理和电器元件间的控制关系。

特点 ➡ 所有电气设备和电器元件按其所在的实际位置绘制在图纸上，如接触器或继电器的线圈、主触点和辅助触点是按照实际元器件的结构画在一起的，再用短长线或虚线框起来，这样来表示它们是一个电器元件。图中每个电器元件均用同一项目代号标注。

安装图

安装图用来表示电气设备和电器元件的实际安装位置，是生产机械电气控制设备制造、安装和维修必不可少的技术文件。

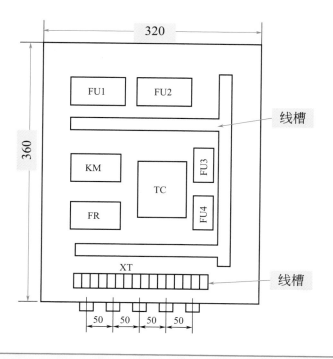

4.1.2　电气原理图的识图

识读电气原理图的一般方法是先看主电路，再看辅助电路，并通过辅助电路来分析主电路的控制程序。

 主电路识图的方法及步骤

研究受控电器元件或部件 ➡ 受控电器元件或部件是控制系统的核心器件，识读电气图时首先要看清楚这些器件的类别、用途、接线方式、特殊要求等。以电动机为例，从类别上讲，有交流电动机和直流电动机之分，而交流电动机又有异步电动机和同步电动机之分。

研究受控电器元件是如何控制的 ➡ 控制电器元件的方法很多，有的直接用开关控制，有的用接触器或继电器控制，有的用各种启动器控制。

研究电源 ➡ 主要研究电源电压和供电方式，电源电压是380V还是220V，供电方式是交流电还是直流电。交流电一般由母线汇流排或配电柜供电，直流电一般由直流发电机直接供电。

 辅助电路识图的方法步骤

研究电源 ➡ 要搞清楚辅助电路电源的种类（是交流电还是直流电）、电源是从什么地方接来的以及电压等级。通常辅助电路的电源是从主电路的两根相线上接来的，其电压为380V；如果是从主电路的一根相线和中性线上接来的，电压就是单相220V；如果是从控制变压器上接来的，常用电压为36V。当辅助电源为直流电时，其电压一般为24V、12V、6V等。

看辅助电路是如何控制主电路的 ➡ 整个辅助电路可以看成是一个大回路，习惯上称为二次回路。这个大回路又可分成几个具有独立性的小回路，每个小回路控制一个功能动作。当某个小回路形成闭合回路时，控制主电路的电器元件（如接触器或继电器）就有动作，即接通或断开。

研究电器元件之间的相互关系和线路走向、作用 ➡ 电路中电器元件之间的相互关系不仅表现在同一回路中，有时还表现在不同的几个回路中，这就是控制电路中的电气联锁。

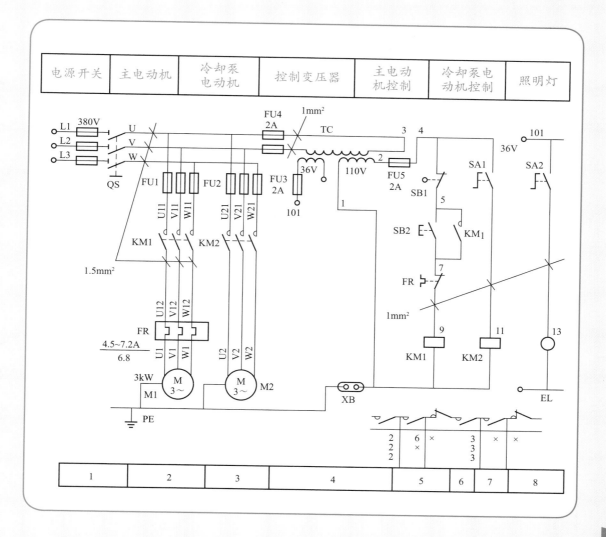

电源开关	主电动机	冷却泵电动机	控制变压器	主电动机控制	冷却泵电动机控制	照明灯

4.1.3　接线图的识图

识读接线图时，一般先看主电路，再看辅助电路。

看主电路：先看主电路目的是要弄清用电设备是如何获得三相电源的，三相电源线经过了哪些电器元件才到达用电设备，以及为什么要经过这些电器元件。

看辅助电路：按每个小回路去看。看每个小回路时，先从电源起始点（相线）去看，看其经过哪些电器元件而回到另一相电源（或中性线）。按动作顺序对各个小回路逐一分析、研究，具体方法如下。

与电气原理图对照着看 ➡ 在看接线图时，必须对照电气原理图，搞清楚各个电器元件的作用；主电路和辅助电路各是由哪些元器件组成的，相互之间是如何接线的，它们是如何完成电气动作的。

➡ 回路线号是电气设备与电气设备、电器元件与电器元件、导线与导线间的连接标记。连接两个电气设备或电器元件的导线，其两端在图样上具有同一个线号。

凡是具有同一线号的导线都是同一根导线。线号的作用是：根据线号，了解线路走向并进行布线；根据线号，了解元器件及电路连接方法；根据线号，了解辅助电路是经过哪些电器元件而构成回路的。下图为某电气设备的接线图。

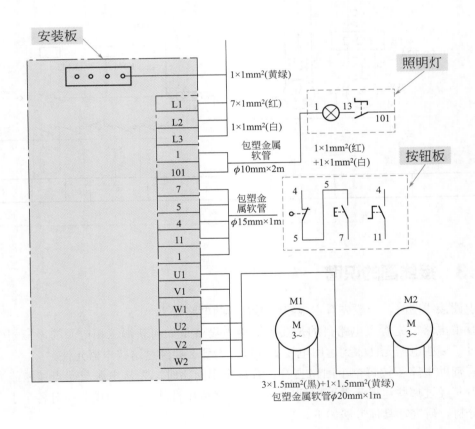

电气设备使用的电气接线图用来组织排列电气设备中各个零部件的端口编号以及该端口的导线电缆编号，同时还整理编写接线排的编号，以此来指导设备合理的接线安装以及便于日后维修电工尽快查找故障。

4.2 三相笼型异步电动机控制电路识图

4.2.1 直接启动控制电路识图

　　三相笼型异步电动机启动控制电路有直接启动和减压启动两种方式。直接启动控制的优点是电气设备少，电路简单；缺点是启动电流大，易引起供电系统电压波动。

 手动控制电路

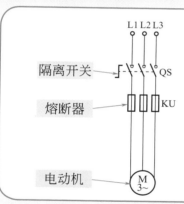

　　用手操作三极开关QS来控制电动机的启动和停止，熔断器FU起短路保护作用。QS可用三极旋转开关，也可用铁壳开关来代替QS和FU。

 点动控制电路

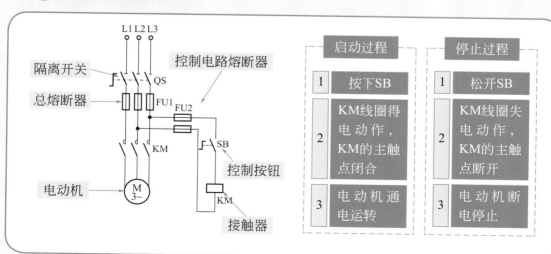

自锁控制电路的主电路与点动控制电路大致相同，不同之处在于牵动按钮松开以后，电动机仍继续运转。因此，在控制电路中串联一只常用按钮SB1作停止按钮，并在启动按钮SB的常开触点上并联一副接触器KM的常开触点，用来保证当启动按钮SB2松开后接触器KM仍保持吸合状态（自锁）。在自锁控制电路的主电路串接热继电器发热元件FR、控制电路中串接FR常闭触点，就成为具有过载保护的自锁控制电路。

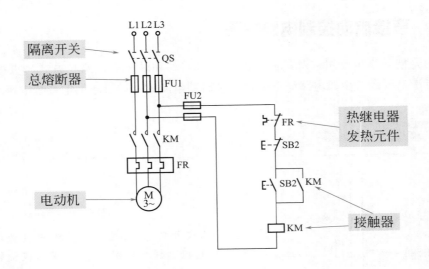

启动过程

　　当电动机由于过载、缺相运转等故障引起工作电流增大时，经一定的时间，发热元件使双金属片挠曲，推动常闭触点断开，切断控制电路电源使电动机停转，避免电动机定子绕组因长时间超过额定电流而受损或烧毁。

>>特殊提示

　　KM为一个元件，因功能分别列于电路图内，请注意识图。

4.2.2 降压启动控制电路识图

 星形－三角形（Y-△）降压启动电路识图

　　星形-三角形（Y-△）降压启动电路只适用于运转时为三角形接法的电动机。启动时定子绕组接成星形，使加在每相绕组上的电压降为额定电压的 $1/\sqrt{3}$，经适当延时后再改接成三角形，转入全压运行。

　　Y-△启动控制电路有QX1型Y-△启动器手动控制电路、时间继电器自动控制电路和QX3型自动Y-△启动器控制电路等。此处以QX1型自动启动器控制电路为例讲述。

QX1型手动控制器

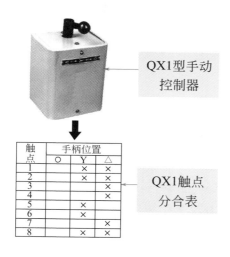

QX1型Y-△手动控制电路

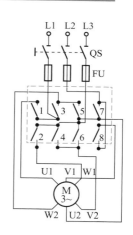

　　只要将电源经隔离开关和熔断器与启动器上的L1、L2、L3相接，电动机三相绕组与启动器上相应端子连接即可使用。

工作过程

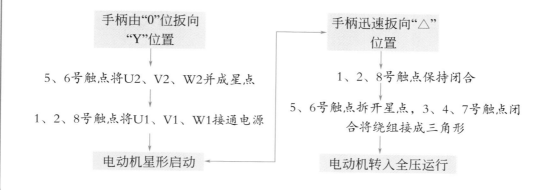

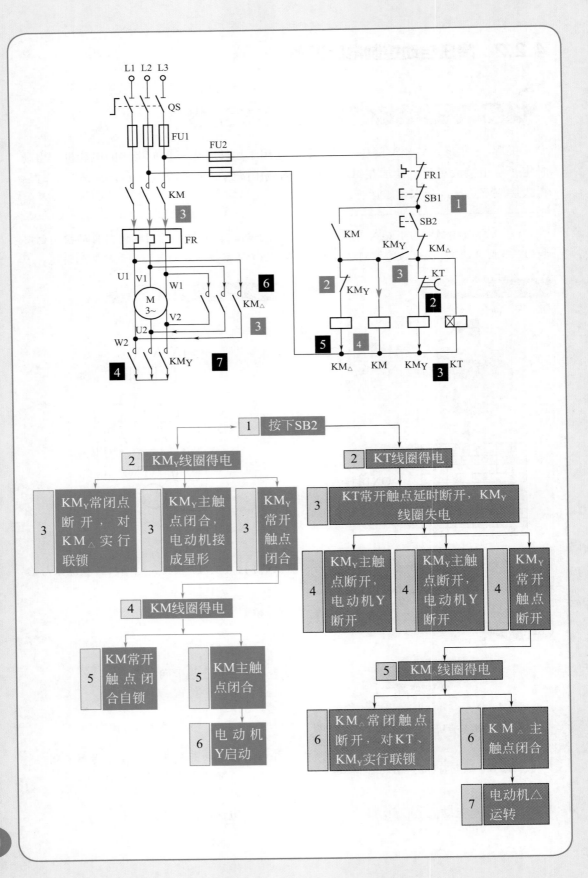

L1 L2 L3

QS

FU1

FU2

FR1

SB1

1

SB2

KM

3

KMγ

KM△

FR

2

KMγ

KT

3

KT

U1 V1 W1

6

M
3~

KMγ

KM

KMγ

3

KT

V2

U2

KM△

3

W2

KMγ

7

5

4

4

KM△

KM

KMγ

3

KT

1 按下SB2

2 KMγ线圈得电

2 KT线圈得电

3 KMγ常闭点断开，对KM△实行联锁

3 KMγ主触点闭合，电动机接成星形

3 KMγ常开触点闭合

3 KT常开触点延时断开，KMγ线圈失电

4 KM线圈得电

4 KMγ主触点断开，电动机Y断开

4 KMγ主触点断开，电动机Y断开

4 KMγ常开触点断开

5 KM常开触点闭合自锁

5 KM主触点闭合

5 KM△线圈得电

6 电动机Y启动

6 KM△常闭触点断开，对KT、KMγ实行联锁

6 KM△主触点闭合

7 电动机△运转

自耦变压器（补偿器）降压启动电路

在需要自动控制的场合，通常采用自动补偿器，这里介绍XT01型自动补偿器。XT01型自动补偿器的内部结构由自耦变压器、交流接触器、中间继电器、时间继电器、按钮和指示电路等组成。

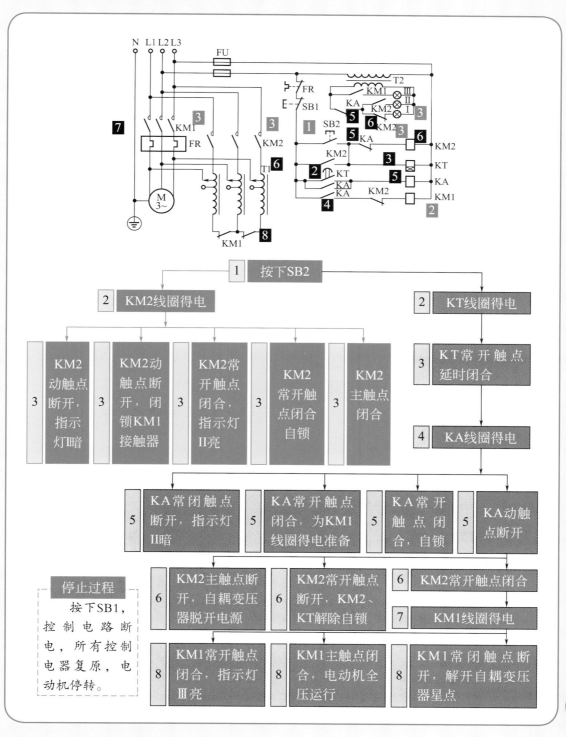

4.2.3 正反向运行控制电路识图

倒顺开关正反转控制电路

　　倒顺开关是一种既能接通电源又能改变电源相序的开关，用手柄进行控制操作，手柄有"顺←停→倒"三个位置。使用倒顺开关对电动机进行正反转控制时，不要直接从一种转向改变成另一种转向，应让手柄在"停"的位置上停一小段时间，待电动机转速降低后再接通电源改变转向。否则在改变转向的启动过程中，有大电流流过定子绕组，易损坏电动机。

HZ3-132型倒顺开关控制电路

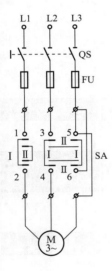

正转过程

　　动触点 I 分别使静触点12、34、56相接，电动机通电正转。

反转过程

　　动触点 II 分别使静触点12、34、56相接，电动机通电反转。

停止过程

　　动触点与所有静触点分开，电动机断电停止。

QX1-13型倒顺开关接线图

正转过程

　　1、4、5号触点闭合，2、3、6号触点断开。

反转过程

　　2、3、6号触点闭合，1、4、5号触点断开。

停止过程

　　所有触点都断开。

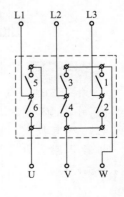

快学巧学 电工识图

在主电路中采用两只接触器来改变交流电通入电动机定子绕组的相序。常用控制电路有按钮联锁、接触器连锁和复合联锁三种，联锁用以保证两只接触器不同时动作避免电源相间短路。

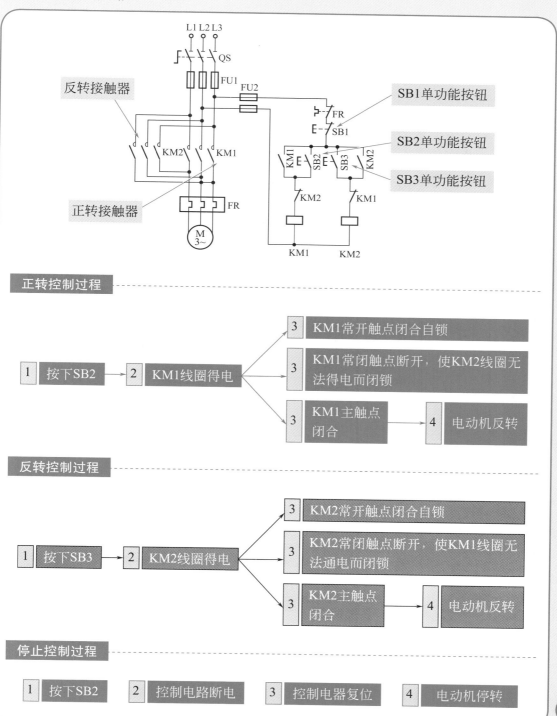

正转控制过程

1 按下SB2 → 2 KM1线圈得电

3 KM1常开触点闭合自锁

3 KM1常闭触点断开，使KM2线圈无法得电而闭锁

3 KM1主触点闭合 → 4 电动机反转

反转控制过程

1 按下SB3 → 2 KM2线圈得电

3 KM2常开触点闭合自锁

3 KM2常闭触点断开，使KM1线圈无法通电而闭锁

3 KM2主触点闭合 → 4 电动机反转

停止控制过程

1 按下SB2　　2 控制电路断电　　3 控制电器复位　　4 电动机停转

4.2.4 反接制动控制电路识图

所谓反接制动，是停车时改变通入定子绕组的三相电源相序，使定子绕组产生反向旋转磁场，从而使转子受到与其转向相反的制动转矩而制动停转。

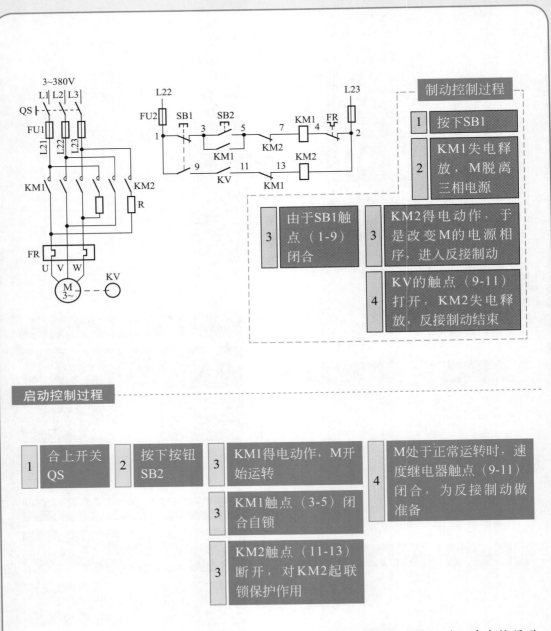

这种制动的优点是制动转矩大，制动效果显著；缺点是制动准确性差，冲击较强烈，能量消耗大。

4.2.5　电动机高低速控制电路识图

　　双速笼型电动机是通过改变定子绕组的接法，使其具有两种不同的磁极数来实现调速的。它具有高速和低速两种运行状态，所以称为双速电动机。

主电路

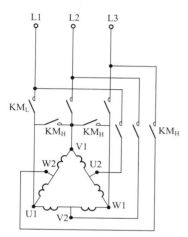

主电路

　　两只接触器KM_L、KM_H分别与电动机的定子绕组的六条引出线和三相电源L1、L2、L3相连接。

　　当把U1、V1、W1三个出线端与电源连接，而U2、V2、W2三个出线端悬空时，定子绕组接成三角形。这时每相绕组中两个线圈串联，构成两对磁极，电动机低速运转。

　　当把U1、V1、W1三个出线端短接，把U2、V2、W2三端与电源相接时，定子绕组接成双星形。这时每相绕组中两个线圈并联，构成一对磁极，电动机就高速运转。

辅助电路

按钮开关控制电路

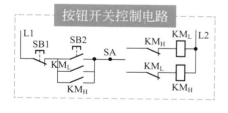

辅助电路

　　两种控制电路均由两条回路组成，按钮开关SA和复合按钮SB2、SB3分别用来控制接触器KM_L、KM_H的通断。

复合按钮控制电路

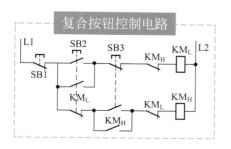

　　改变电动机定子绕组的接法而改变电动机的转速。

低速电路控制过程

| 1 | 转动按钮开关SA | 2 | 接通低速接触器KM_L回路 | 3 | 按启动按钮SB2 | 4 | KM_L通电自锁，定子绕组接成三角形，电动机低速运转 |

高速电路控制过程

| 1 | 转动按钮开关SA | 2 | 接通高速接触器KM_H回路 | 3 | 按启动按钮SB2 | 4 | KM_H通电自锁，定子绕组接成双星形，电动机高速运转 |

关闭电路控制过程

| 1 | 按下停止按钮SB1 | 2 | KM_L或KM_H释放，电动机停止转动 |

L1 L2 L3

KM_L
KM_H KM_H KM_H
V1
W2 U2
U1 W1
V2

比较两种控制电路，可知复合按钮电路进行高低速转换时不必使电动机停转。

复合按钮控制电路

关闭电路控制过程

| 1 | 按下停止按钮SB1 | 2 | 电动机停止运转 |

低速电路控制过程

| 1 | 按下复合按钮SB2 | 2 | 低速接触器KM_L得电动作并自锁 | 3 | 电动机低速运转。同时切断KM_H电路，与之互锁 |

低速电路控制过程

| 1 | 按下复合按钮SB3 | 2 | 低速接触器KM_H得电动作并自锁 | 3 | 高速接触器KM_H得电动作并自锁，切断KM_L回路，电动机高速运转 |

三相绕线式异步电动机控制电路识图

4.3.1 时间继电器控制的控制电路识图

    绕线式异步电动机具有启动电流小和启动转矩大的特点，并有较好的调速性能。绕线式异步电动机常用于在较大负荷下启动的设备作动力，如起重设备。它的启动方式是启动时转子绕组中串入电阻，随着转速的上升而逐步切除电阻，最后把转子绕组串接的电阻短路，电动机达到全速；此外，也可通过改变转子绕组中串入电阻的阻值来实现调速。

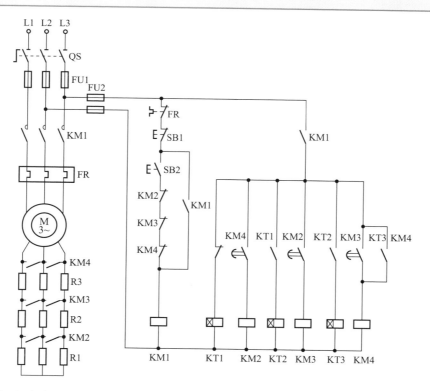

    转子绕组中串入的电阻是利用时间继电器延时逐级切除的。当 KM4 常开触点闭合将全部电阻切除的同时，KM4 常开触点闭合自锁，KM4 常闭触点断开使 KT1 线圈失电，随之 KM2、KT2、KM3、KT3 依次断电。在 KM1 支路中串入 KM2、KM3、KM4 的常闭触点是为了保证只有当全部电阻串入时电动机才能启动。

4.3.2 频敏变阻器启动控制电路识图

利用接触器逐级切除电阻时，会引起电流和转速的突然变化，产生机械性冲击。对于一些不需要利用改变电阻进行调速的场合，常用频敏变阻器启动绕线式异步电动机。

频繁变阻器启动控制电路具有两种工作方式：一种是手动方式，另一种是自动方式。

手动控制电路

当选择开关放在"手动"位置时

| 1 | 按SB2将电动机启动 | 2 | 待转速升高到稳定值后，再按SB3 | 3 | 将频敏变阻器从转子电路中切除，启动结束 |

中间继电器KA的动合触点用来控制KM2及自锁；并联在主电路FR上的动断触点，用来防止由于启动电流大和启动时间长使FR产生误动作。一旦启动结束，KA动断触点断开，FR就起过载保护作用。

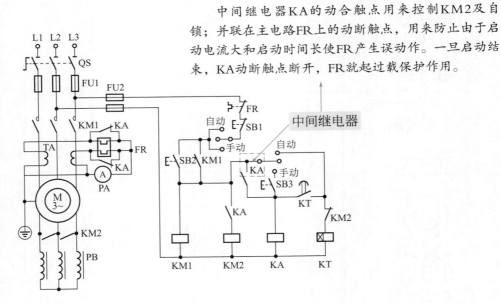

自动控制电路

当选择开关放在"自动"位置时

| 1 | 按SB2将电动机启动 | 2 | 当时间继电器自动延时控制频敏变阻器从转子电路中切除时，启动结束 |

快学巧学 电工识图

4.3.3 绕线式异步电动机正反转控制电路识图

绕线式异步电动机的正反转主电路也是用两只接触器改变电源相序,从而使电动机转向。但在正反向启动时,转子电路中必须串入启动电阻或频敏变阻器。

 电阻控制正反转控制电路

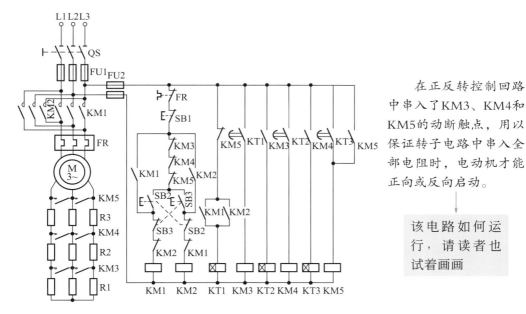

在正反转控制回路中串入了KM3、KM4和KM5的动断触点,用以保证转子电路中串入全部电阻时,电动机才能正向或反向启动。

该电路如何运行,请读者也试着画画

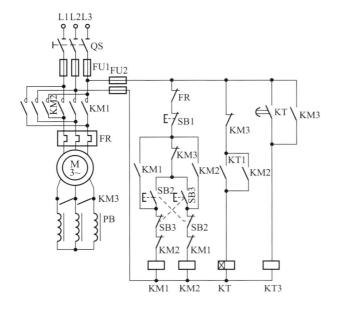

在正反转控制回路中串入了KM3的动断触点,用以保证转子电路中串入频敏变阻器时,电动机才能正向或反向启动。

根据这个特点,该电路如何运行,请读者也试着画画

4.3.4 绕线式异步电动机调速控制电路识图

绕线式异步电动机一般采用凸轮控制器进行调速控制。

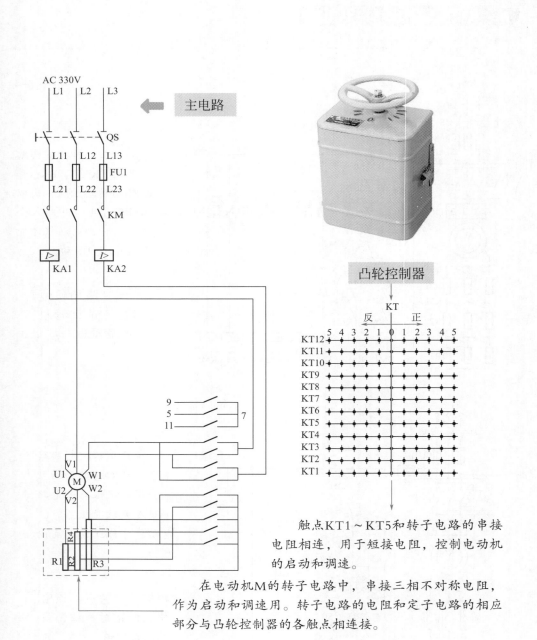

触点KT1～KT5和转子电路的串接电阻相连，用于短接电阻，控制电动机的启动和调速。

在电动机M的转子电路中，串接三相不对称电阻，作为启动和调速用。转子电路的电阻和定子电路的相应部分与凸轮控制器的各触点相连接。

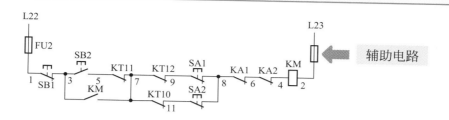

启动准备控制过程

| 1 | 接通QS电源开关 | 2 | 凸轮控制器手轮置"0"位,其三对触点KT10、KT11、KT12处于接通状态 | 3 | 按启动按钮SB2 | 4 | KM得电动作 |

低速运转控制过程

| 1 | 凸轮控制器向正方向转至1位置 | 2 | 触点KT6、KT8闭合 | 3 | 电动机定子绕组与电源接通,KT1~KT5均不通 | 4 | 电动机开始向正方向低速转动 |

高速运转控制过程

| 1 | 手轮从1转到2的位置 | 2 | 触点KT5闭合 | 3 | 转子电路中电阻R1被切除,电动机转速上升 | 4 | 当手轮从2转到3、4、5位置时 |

| 7 | 电动机转速逐步升高,直至全速运转 | 6 | 转子电路中的电阻R2、R3、R4被逐段切除 | 5 | 触点KT4~KT1顺次闭合 |

反转高速运转控制过程

| 1 | 手轮由0位置转向反方向1位置 | 2 | 触点KT7、KT9闭合 | 3 | 电动机电源相序改变而转向改变,于是反向低速启动 |

| 5 | 电动机转子电路中电阻被逐段切除,电动机转速逐步上升,过程与正转相同 | 4 | 手轮从1位置顺次转向5位置时 |

>> 特殊提示

为了机构运行安全起见,在终端装设了两个限位开关SA1、SA2,它们分别与触点KT11、KT12串联。

在电动机正反转过程中,当机构到达终端位置时,挡块与限位开关相碰,使限位开关动作,切断控制电路,KM失电释放,切断电动机电源,使电动机停止运转。

4.4 直流电动机控制电路识图

4.4.1 直流电动机启动电路识图

直流电动机启动电流很大，为限制启动电流，在电枢电路中串入电阻，随着转子转速的升高逐步切除电阻，最终电阻全部切除，启动结束。

 并励直流电动机的启动电路

并励直流电动机在启动时，必须保证先接通励磁绕组，以防止弱磁或失磁引起飞车，损坏电动机。

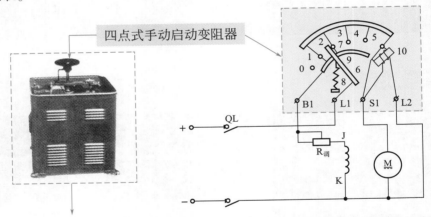

四点式手动启动变阻器

1～5为静触点，它们之间连有四段启动电阻；变阻器的动触点与手柄6相连，手柄上附有衔铁7和变位弹簧8；9为弧形铜条，10为保持电磁铁。四点式手动启动变阻器还具有失压、欠压时释放手柄自动复位保护功能。

启动电路控制过程

| 1 | 合上负荷开关QL | 2 | 将启动手柄由0位随着转速升高推至5位 | 3 | 逐级切除电阻，最后电磁铁10将转臂上的衔铁吸住，电动机启动结束 |

停止电路控制过程

| 1 | 负荷开关QL切断电源 | 2 | 电磁铁10失电释放衔铁，手柄在复位弹簧8的作用下回到0位 | 3 | 静触点1除了与启动电阻相连外还与弧形铜条相连 |

当电动机切断电源时，作为励磁绕组的放电回路，防止过高的自感电动势损坏励磁绕组　5　启动电阻和电枢绕组串联起来　4

快学巧学 电工识图

串励直流电动机的启动电路

串励直流电动机不允许空载启动，至少要在带有20% ~ 25%的负载下启动，否则会发生飞车，损坏电动机。

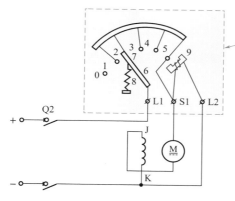

四点式手动启动变阻器

用四点式手动变阻器启动的方法、原理与并励直流电动机相同，可自行分析。

他励直流电动机的启动电路

电枢回路中采用R1、R2两级串联降压启动，串联电阻的切除用断电延时闭合时间继电器KT1、KT2控制KM2、KM3逐级进行。电枢回路中串入过电流继电器KI1，其常闭触点与KM1线圈回路相串联，起过载保护作用。励磁回路中串入欠电流继电器KI2，其常开触点也与KM1线圈回路串联，起弱磁和失磁保护作用，防止电动机飞车。和励磁绕组相并联的电阻R与二极管VD的串联支路，在QL2切断时作为励磁绕组的放电回路。

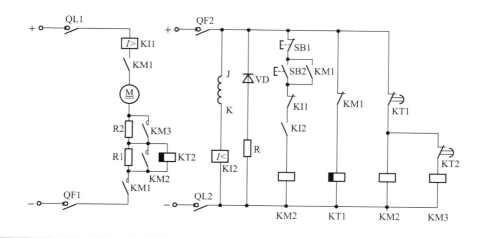

发电机－发电机组的启动电路

发电机-电动机拖动系统简称G-M系统。

G-M系统由异步电动机M1、直流发电机G2和励磁机G1组成电动发电机组，G2作为他励直流电动机M2的电源，由M2向外输出动力。

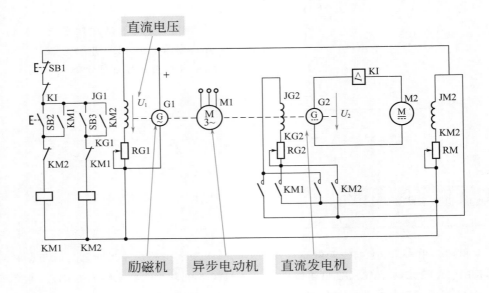

先启动异步电动机M1，同轴拖动励磁机G1及直流发电机G2旋转。励磁机发出直流电压U_1，分别供给G-M机组的励磁电路和控制电路。

启动电路控制过程

1	按下SB2（或SB3）	2	接触器KM1（或KM2）线圈得电	3	KM1（或KM2）主触点闭合，发电机G2的励磁绕组流过电流，开始励磁

直流电动机M2的电枢电压U_2也从零逐渐升高，直流电动机平滑地启动	5	励磁绕组具有较大的电感，故励磁电流上升得较慢，电动势逐渐升高	4

快学巧学 电工识图

084

4.4.2　直流电动机正反转电路识图

　　直流电动机的旋转方向由电枢绕组的电流方向和励磁绕组的电流方向共同决定。如果改变两者中的任一电流方向，则可实现直流电动机的反转。根据这一原理，可有两种改变直流电动机转向的方法，即电枢反接法和磁场反接法。

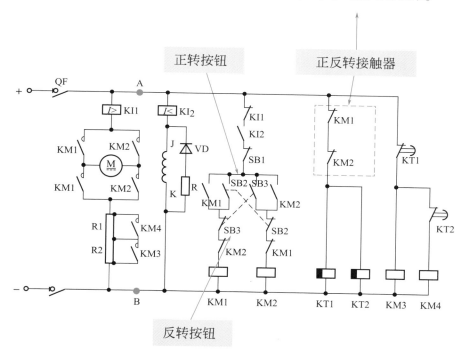

采用复合联锁保证KM1、KM2不会同时吸合，避免电源短路。

正转按钮

正反转接触器

反转按钮

电路安全性考虑	➡	在正反转控制回路中，串入电枢过电流继电器的常闭触点以防止电动机过载；串入励磁欠电流继电器的常开触点以防止失磁和弱磁时发生飞车。
电路启动电阻控制	➡	KT1、KT2及KM3、KM4是用于在正反转启动过程中自动延时切除启动电阻R1及R2的。
电源更改，可作他励直流电动机	➡	若将图中A、B两点处断开，励磁及控制电路另用直流电源供电，就成为他励直流电动机正反转控制电路。

4.5 电动机其他控制电路识图

4.5.1 多点控制电路识图

有些生产设备如大型机床、起重运输机等，为了操作方便，常要求能在几个地点对电动机进行控制。

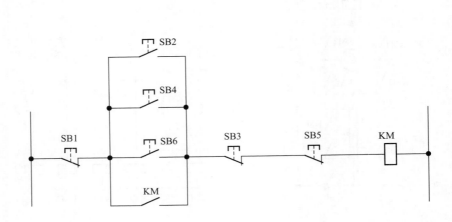

虽然并未画出主电路，但是在上述控制电路中不难看出，把启动按钮SB2、SB4、SB6并联起来，把停止按钮SB1、SB3、SB5串联起来，并将这些按钮两个一组分别安装在三个不同的地点，这样就可以在三个不同的地点对电动机进行控制。

按下SB1时	➡	KM失电，其主触点切断电动机电源，电动机停转。
按下SB2时	➡	接触器KM得电动作，其主触点接通电动机电源，电动机运转。
按下SB4时 按下SB6时 按下SB5时	➡	可以对电动机进行运转和停转的控制。

快学巧学 电工识图

4.5.2　程序控制电路识图

在组合机床和自动化生产线上,工序是依次转换的,即一道工序完成后,自动转换到下一道工序。常要求电动机按一定程序进行运转或停转。

在下列电路中仍未画出主电路,该继电器程序控制电路由3个继电器构成。

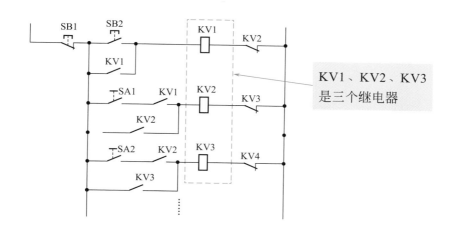

KV1、KV2、KV3
是三个继电器

第一回路	➡	第一条回路由停止按钮SB1、启动按钮SB2控制。
第二回路	➡	第二条回路由限位开关SA1控制。
第三回路	➡	第三条回路由限位开关SA2控制。

电路控制过程

| 1 | 按下SB2 | 2 | KV1得电并自锁第一个程序开始 | 3 | 第二条回路中的KV1动合触点闭合,为KV2的得电做好准备 | 4 | 限位开关SA1闭合 |

| 第三条回路中的KV2触点闭合,为KV3的得电做好准备 | 7 | 第一条回路中的KV2触点断开,使KV1失电,结束第一个程序 | 6 | KV2得电动作并自锁 | 5 |

| 8 | 限位并关SA2闭合 | 9 | KV3得电并自锁,开始第三个程序。其他程序以此类推,不再叙述 |

4.5.3 联锁控制电路识图

在多台电动机拖动的机床设备上，由于各台电动机的功用不同，常需要电动机按顺序启动。如铣床开始工作，要求主轴电动机先启动，然后其他功能电动机启动等。这就需要对各电动机进行联锁控制。

 顺序启动，同时停车电路

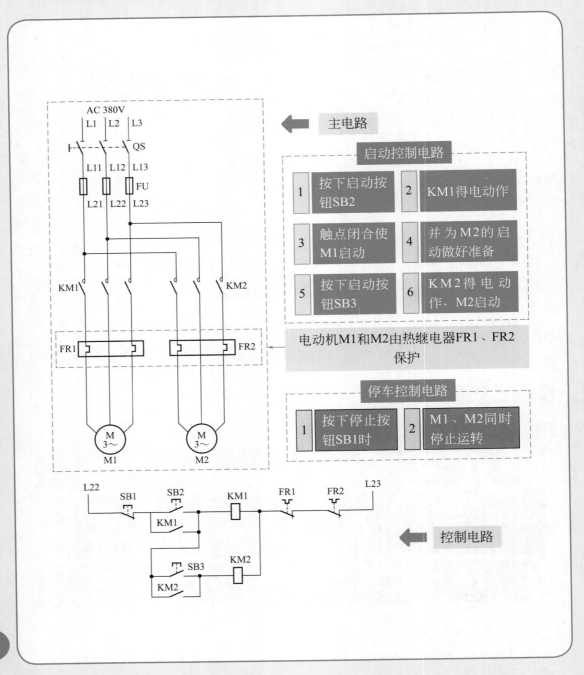

主电路

启动控制电路

1	按下启动按钮SB2	2	KM1得电动作
3	触点闭合使M1启动	4	并为M2的启动做好准备
5	按下启动按钮SB3	6	KM2得电动作，M2启动

电动机M1和M2由热继电器FR1、FR2保护

停车控制电路

1	按下停止按钮SB1时	2	M1、M2同时停止运转

控制电路

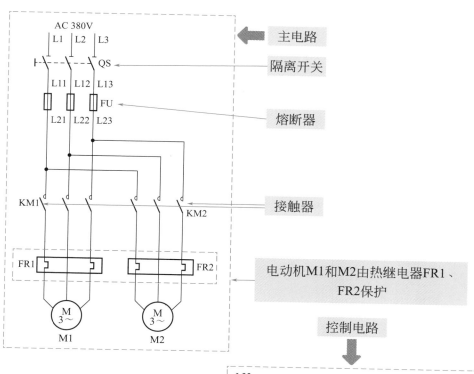

启动控制电路因与左页相同，此处不再缀述，可参照同时停车电路控制过程。

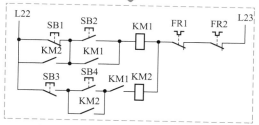

停车控制电路

按下停车按钮SB1后

| 1 | 由于KM2的常开触点与停止按钮SB1并联，所以必须先使KM2失电释放，即先停M2 |
| 2 | 然后才能使KM1失电释放停M1，从而实现了顺序停车 |

第4章 电动机电气控制电路图识图

089

4.5.4 自动循环控制电路识图

在机床设备上，有的机构是自动往返循环工作的，如龙门刨床的工作台进退动作。在这种往返运转中，常靠电动机的正反转来实现。

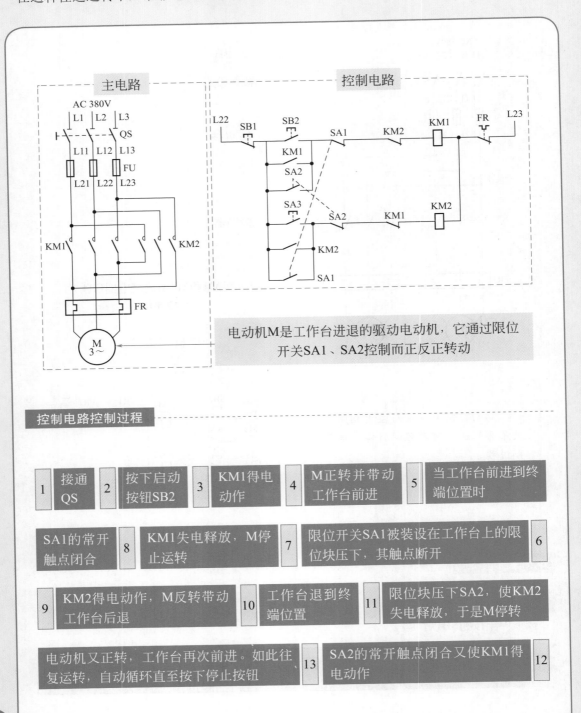

电动机M是工作台进退的驱动电动机，它通过限位开关SA1、SA2控制而正反正转动

控制电路控制过程

| 1 | 接通QS | 2 | 按下启动按钮SB2 | 3 | KM1得电动作 | 4 | M正转并带动工作台前进 | 5 | 当工作台前进到终端位置时 |

| SA1的常开触点闭合 | 8 | KM1失电释放，M停止运转 | 7 | 限位开关SA1被装设在工作台上的限位块压下，其触点断开 | 6 |

| 9 | KM2得电动作，M反转带动工作台后退 | 10 | 工作台退到终端位置 | 11 | 限位块压下SA2，使KM2失电释放，于是M停转 |

| 电动机又正转，工作台再次前进。如此往复运转，自动循环直至按下停止按钮 | 13 | SA2的常开触点闭合又使KM1得电动作 | 12 |

第5章

机电设备电气控制电路图识图 ◄◄◄

5.1 车床电气控制电路识图

5.1.1 机床电气图的特点

通过第四章的学习，已经对常用控制电器与继电器、接触器控制的基本环节进行读图分析，这对车床电气控制电路图的学习，以及进一步学会阅读与分析工厂电气设备控制电路的非常有帮助；加深对典型控制环节的理解，为生产机械电气电路的安装、调整、维修打下一定基础。

机床种类繁多，不同种类找特点	机床的种类很多，有车床、铣床、刨床、镗床等。各种机床的加工工序和工艺都不相同，即它们所具有的功能都不相同，对电动机的驱动控制方式也不一样，因此不同种类不同型号的机床具有不同的电气控制电路图。
机床设备电气系统与机械系统联系紧	从电路结构上看，用电动机拖动的生产机械和机床电路有多种，有简单的，也有复杂的，但电气系统与机械系统联系非常密切。
多用行程开关控制电路	有些机床如龙门刨床、万能铣床的工作台要求在一定距离内能自动往返循环，实现对工件的连续加工，常采用行程开关控制的电动机正反转自动循环控制电路。
自动往返电路更智能	为了使电动机的正反转控制与工作台的前进、后退运动相配合，控制线路中常设置行程开关，按要求安装在固定的位置上。当工作台运动到预定位置时，行程开关动作，自动切换电动机正反转控制电路，通过机械传动机构使工作台自动往返运动。
复合按钮使用多	除了以上提出的特点，复合按钮使用的数量较多。

5.1.2　机床电气图识图的方法和步骤

在阅读机床控制系统电气图时，可按以下方法进行。

1 了解设备情况 ➡ 首先要了解或分析电气图所对应的机械设备，即该设备的用途、设备类型（如车床、铣床、刨床、镗床、冲压机等）；其次可从说明书上了解或分析这类机械设备对电力拖动的要求；最后，可从说明书中了解这台机械设备的特殊功能。

2 了解设备情况 ➡ 看这台机械设备的工作运行简图及工作动作流程图，如果说明书上没有这些内容，也可从设备的操作规程或方法中去了解，然后自己画出一张读图用的工作动作流程图。画此图未必十分准确，在细读时可再作修改。

3 观察元器件表 ➡ 看图中的元器件表，了解图中的符号、名称以及各元件所起的作用。

4 分析主电路 ➡ 分析各台电动机的主电路，了解各电动机的启动、调速及制动方式，这样在分析控制电路图时，就会做到心中有数，同时也知道各台电动机所对应的接触器。

5 分析控制电路 ➡ 首先应根据主电路与控制电路之间的关系以及有关的技术资料，将控制电路"化整为零"划分成若干单元电路。然后按工作动作流程图从起始状态对应的功能单元电路开始，采用寻线读图法或逻辑代数法来逐一分析。对于混有气动力、液压动力的部分，也应当把这部分的控制电路划分出来。

6 绘简图易使用 ➡ 由于机床控制系统电气图相对复杂，可采用简图（或动作顺序表）把读懂的部分表示出来，在细读的基础上逐步扩大成果，也便于在以后的维修、调试等工作中使用。

5.1.3　C616型卧式车床电气控制电路识图

C616型车床属于小型普通车床，床身最大工件回转半径为160mm，最大工件长度为500mm。

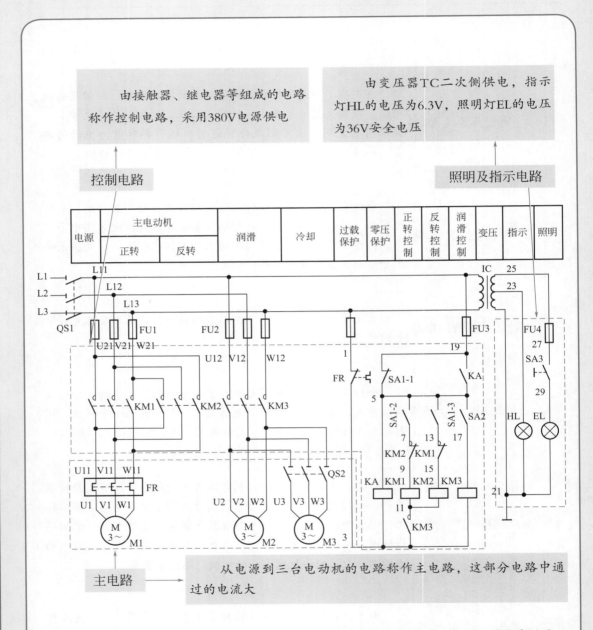

由接触器、继电器等组成的电路称作控制电路，采用380V电源供电

由变压器TC二次侧供电，指示灯HL的电压为6.3V，照明灯EL的电压为36V安全电压

控制电路

照明及指示电路

从电源到三台电动机的电路称作主电路，这部分电路中通过的电流大

主电路

M1为主电动机，功率为4kW，通过KM1和KM2的控制可实现正反转，并设有过载保护、短路保护和零压保护；M2为润滑电动机，由接触器KM3控制；M3为冷却泵电动机，功率为125kW，它除了受KM3控制外，还可根据实际需要由转换开关QS2进行控制。

C616型车床电器元件目录表

符号	名称	型号规格	数量	备注
M1	主电动机	JO$_2$-41-4，4kW，1440r/min	1	
M2	润滑电动机		1	
M3	冷却泵电动机	JCB-22，125W，2790r/min	1	
KM1，KM2	交流接触器	CJ0-20，380V	2	
KM3	交流接触器		1	
KA	中间继电器	JZ7-44，380V	1	
FR	热继电器	JRO-20/3	1	
FU1	熔断器		3	
FU2	熔断器		3	
FU3	熔断器		2	
FU4	熔断器	RL1-15/4A	1	
SA1	鼓形转换开关	HZ3-452	1	
QS1	转换开关	HZ2-25/3	1	
QS2	转换开关	HZ2-10/3	1	
TC	控制变压器	380V/36V，6.3V	1	
HL	指示灯	6.3V	1	
EL	照明灯	36V	1	

启动准备

1 合上电源开关QS1　2 变压器TC二次侧有电，指示灯HL亮　3 合上SA3　4 照明灯EL点亮照明

5 由于SA1-1为常闭触点，故L13-1-3-5-19-L11的电路接通，中间继电器KA得电吸合，它的常开触点（5-19）接通，为开车做好了准备

润滑泵、冷却泵启动

1 在启动主电动机之前，先合上SA2　2 接触器KM3吸合　3 KM3的主触点闭合　4 使润滑泵电动机M2启动运转

3 KM3的常开辅助触点（3-11）接通　4 为KM1、KM2吸合做好准备

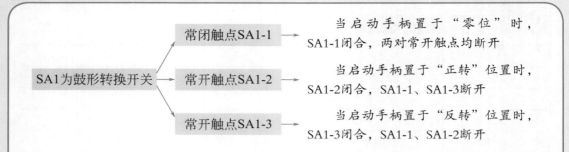

当启动手柄置于"零位"时，SA1-1闭合，两对常开触点均断开

常闭触点SA1-1

SA1为鼓形转换开关 → 常开触点SA1-2 → 当启动手柄置于"正转"位置时，SA1-2闭合，SA1-1、SA1-3断开

常开触点SA1-3 → 当启动手柄置于"反转"位置时，SA1-3闭合，SA1-1、SA1-2断开

主电动机启动

| 1 | 启动手柄置于正转位置 | 2 | SA1-2接通 | 3 | 电流经L13-1-3-11-9-7-5-19-L11形成回路 | 4 | 接触器KM1得电吸合 |

| 同时，KM1的常闭辅助触点（13-15）断开，将反转接触器KM2联锁 | 7 | 主电动机M1启动正转 | 6 | KM1主触点闭合 | 5 |

若需主电动机反转，只要将启动手柄置于"反转"位置，SA1-3接通、SA1-2断开，接触器KM1失电释放，M1正转停止，并解除了对KM2的联锁，接触器KM2得电吸合使M1反转。

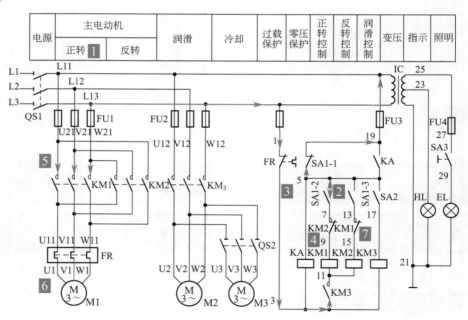

零压保护

零压保护又称为失压保护，它是电动机在正常工作过程中实现的。

当启动手柄不在"零位"时，中间继电器KA失电释放，其常开触点（5-19）断开。恢复供电后由于手柄不在"零位"，SA1-1断开，KA不会吸合，它的常开触点（5-19）不会自行接通，电动机M1就不会自行启动，因而起到了零压保护的作用。

5.1.4　M7120型平面磨床电气控制电路识图

M7120型平面磨床由砂轮电动机、液压泵电动机、冷却泵电动机分别拖动，且只需单方向旋转，冷却泵电动机与砂轮电动机具有同时或顺序联锁关系（即砂轮电动机启动后才可以开动冷却泵电动机）；电磁吸盘没有工作时，其他电动机一律不可启动，即应具有电气联锁，以避免加工过程中物件飞出工作台伤人。

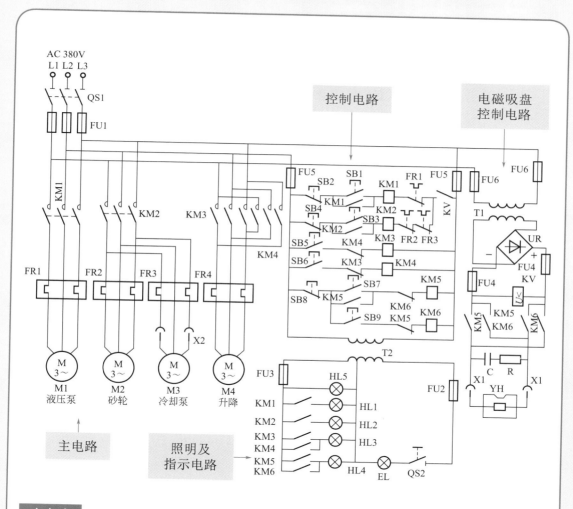

主电路

主电路中共有四台电动机，其中M1是液压泵电动机，实现工作台的纵向进给运动；M2是砂轮电动机，带动砂轮转动完成磨削加工工作；M3是冷却泵电动机，以上三台电动机只要求单向旋转，分别用接触器KM1、KM2控制。冷却泵电动机M3只有在砂轮电动机M2运转后才能运转。M4是砂轮升降电动机，用于磨削过程中调整砂轮与工件之间的位置。

M1、M2、M3因为长期工作，所以都装有过载保护。M4为短期工作，不设过载保护。四台电动机共用一组熔断器FU1作短路保护。

液压泵电动机M1的控制

1	合上电源总开关QS1	2	整流输出135V，再整流为直流电
3	KV吸合后，按下启动按钮SB3	4	KM1线圈得电吸合并自锁
5	液压泵电动机M1启动运转	6	HL1灯亮

若按下停止按钮SB2，接触器KM1线圈失电释放，电动机M1断电停转。

砂轮升降电动机M4的控制

1	按下点动按钮SB6	2	KM3线圈得电吸合，M4启动正转
3	砂轮上升，达到所需位置，松开SB6		
4	KM3线圈失电释放，M4停转，砂轮停止上升	5	按下按钮SB7
6	接触器KM4线圈得电吸合	7	M4启动反转，砂轮下降
8	松开SB7，KM4线圈失电释放，电动机M4停转，砂轮停止下降		

砂轮电动机M2及冷却泵电动机M3的控制

1	按下启动按钮SB5	2	KM2线圈得电动作，砂轮电动机M2启动运转
		3	由于电动机M3通过接插器X1和M2联动控制，所以M3与M2同时启动运转
6	M2与M3同时断电停转	6	接触器KM2线圈失电释放
5	按下停止按钮SB4	4	

两台电动机的热继电器FR2和FR3的动断触点都串联在KM2线圈电路中，只要有一台电动机过载，就会使KM2失电。由于切削液循环使用，经常混有污垢、杂质，很容易引起电动机M3过载，故用热继电器FR3进行过载保护。

电磁吸盘控制电路

电磁吸盘是固定加工工件的一种夹具，利用通电导体在铁芯中产生的磁场吸牢铁磁材料的工件，以便加工。与机械夹具比较，它具有夹紧迅速、不损伤工件、一次能吸牢若干个小工件以及工件发热可以自由伸缩等优点，因而电磁吸盘在平面磨床上用得十分广泛。

	充磁过程		
1	按下充磁按钮SB8	2	接触器KM5线圈得电吸合
3	KM5主触点(18、21区)闭合		
4	电磁吸盘YH线圈得电，工作台充磁吸住工件，同时其自锁触点闭合，联锁触点断开		

磨削加工完毕，在取下加工好的工件前，先按SB9，切断电磁吸盘YH的直流电源。由于吸盘和工件都有剩磁，所以需要对吸盘和工件进行去磁。

	去磁过程		
1	按下点动按钮SB10	2	接触器KM6线圈得电吸合
3	KM6的两对触点(18、21区)闭合		
4	电磁吸盘通入反向直流电，使工作台和工件去磁		

去磁时，为防止因时间过长而使工作台反向磁化再次吸住工件，接触器KM6采用点动控制。

照明和指示灯电路

EL为照明灯，其工作电压为24V，由变压器TC供给。QS2为照明负荷隔离开关。HL1、HL2、HL3、HL4和HL5为指示灯，其工作电压为6V，也由变压器TC供给，五个指示灯的作用如下。

HL1 → HL1亮，表示控制电路的电源正常；HL1不亮，则表示电源有故障。

HL2 → HL2亮，表示液压泵电动机M1处于运转状态，工作台正在进行纵向进给；HL2不亮，则表示M1停转。

HL3 → HL3亮，表示冷却泵电动机M3及砂轮电动机M2处于运转状态；HL3不亮，则表示M2、M3停转。

HL4 → HL4亮，表示砂轮升降电动机M4处于工作状态；HL4不亮，则表示M4停转。

HL5 → HL5亮，表示电磁吸盘YH处于工作状态（充磁或去磁）；HL5不亮，则表示电磁吸盘未工作。

第5章 机电设备电气控制电路图识图

M7120型平面磨床电器元件明细表

代号	元件名称	用途	代号	元件名称	用途
M1	电动机	驱动液压泵	SB6	按钮	砂轮上升
M2	电动机	驱动砂轮	SB7	按钮	砂轮下降
M3	电动机	驱动冷却泵	SB8	按钮	电磁吸盘充磁
M4	电动机	砂轮升降	SB9	按钮	停止充磁
KM1	交流接触器	控制M1	SB10	按钮	电磁吸盘去磁
KM2	交流接触器	控制M2	UR	整流器	整流
KM3	交流接触器	点动控制M3，砂轮架上升	KV	电压继电器	欠电压保护
KM4	交流接触器	点动控制M4，砂轮架下降	R	电阻	放电保护
KM5	交流接触器	电磁吸盘充磁	C	电容	放电保护
KM6	交流接触器	点动控制电磁吸盘去磁	YH	电磁吸盘	吸牢工作
FR1	热继电器	M1过载保护	FU1	熔断器	电源总短路保护
FR2	热继电器	M2过载保护	FU2	熔断器	
FR3	热继电器	M3过载保护	FU3	熔断器	控制电路短路保护
SB1	按钮	总停止	FU4	熔断器	
SB2	按钮	液压泵停止	FU5	熔断器	整流短路保护
SB3	按钮	液压泵启动	FU6	熔断器	照明指示短路保护
SB4	按钮	砂轮停止	QS1	开关	电源总开关
SB5	按钮	砂轮启动	QS2	开关	照明开关

5.1.5　Z3040型摇臂钻床电气控制电路识图

钻床是一种孔加工机床，可用来进行钻孔、扩孔、铰孔、攻螺纹及修刮端面等166多种形式的加工。在钻床中，摇臂钻床操作方便、灵活，适用范围广，具有典型性，特别适用于单件或批量生产中多孔大型零件的孔加工，是一般机械加工车间常见的机床。

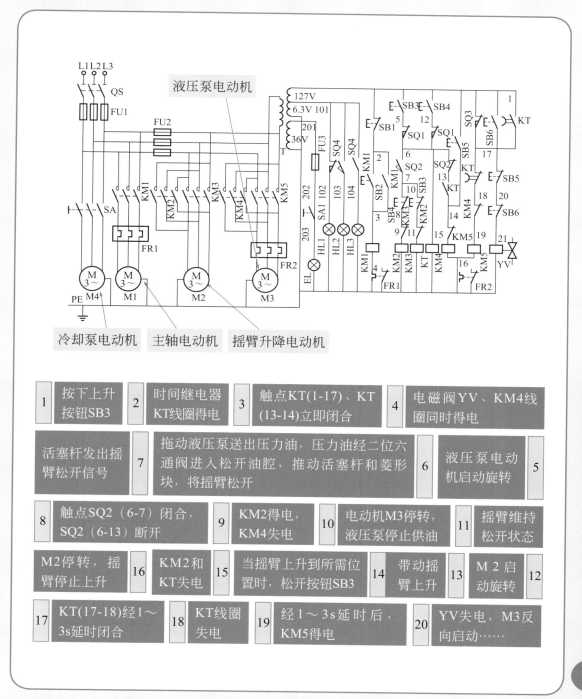

1	按下上升按钮SB3	2	时间继电器KT线圈得电	3	触点KT(1-17)、KT(13-14)立即闭合	4	电磁阀YV、KM4线圈同时得电
活塞杆发出摇臂松开信号	7	拖动液压泵送出压力油，压力油经二位六通阀进入松开油腔，推动活塞杆和菱形块，将摇臂松开	6	液压泵电动机启动旋转	5
8	触点SQ2（6-7）闭合，SQ2（6-13）断开	9	KM2得电，KM4失电	10	电动机M3停转，液压泵停止供油	11	摇臂维持松开状态
M2停转，摇臂停止上升	16	KM2和KT失电	15	当摇臂上升到所需位置时，松开按钮SB3	14	带动摇臂上升	13	M2启动旋转	12
17	KT(17-18)经1～3s延时闭合	18	KT线圈失电	19	经1～3s延时后，KM5得电	20	YV失电，M3反向启动……

5.1.6 Y3150型滚齿机电气控制电路识图

主电路

| 1 | 合上电源开关QS1 | 2 | 按下启动按钮SB2 | 3 | 接触器KM2线圈得电 | 4 | KM2主触点闭合 | 5 | 辅助触点KM2闭合自锁 |

| 刀架撞块与终点开关SQ2相碰，电动机自动停止 | 8 | 直至加工工序结束 | 7 | 电动机M1带动刀架向下移动 | 6 |

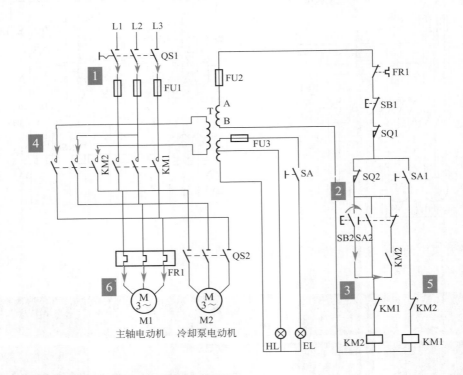

M1 主轴电动机
M2 冷却泵电动机

Y3150滚齿机电气控制电路电器元件明细表

代号	名称	代号	名称	代号	名称
QS1	电源开关	FU1	熔断器	SQ1	极限开关
QS2	冷却泵电动机开关	FU2	熔断器	SQ2	终点开关
M1	主轴电动机	T	变压器	EL	指示灯
M2	冷却泵电动机	SB1	停止按钮	HL	工作照明灯
KM1	交流接触器	SB2	启动按钮	SA	照明灯开关
KM2	交流接触器	SA1	刀架向上按钮		
FR1	热继电器	SA2	刀架向下按钮		

快学巧学
电工识图

102

刀架上升电路

若需刀架向上移动，可按点动按钮SA1，则接触器KM1线圈直接得电，KM1主触点闭合，电动机正向运转，刀架向上移动。其控制回路如右：

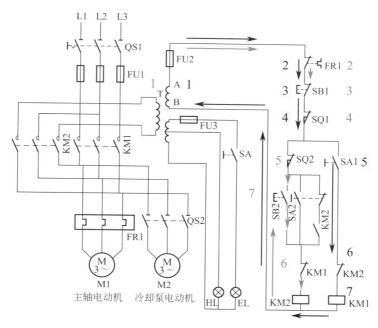

刀架下降电路

若需刀架向下移动，可按点动按钮SA2，则接触器线圈KM2直接得电，KM2主触点闭合，电动机反向运转，刀架向下移动，其控制回路如右：

停机电路三注意

若需停机，只要按下停止按钮SB1即可。这里要注意以下三点。

①若极限开关SQ1断开，机床就无法工作。这时必须摇动机械手柄，把刀架摇到极限开关与撞块分离，机床才能正常工作。

②SQ2是终点开关，工件加工完毕后就能自动停车。

③冷却泵电动机只有在主轴电动机启动后才能用转换开关QS2操作。

起重机控制系统电气图识图

5.2.1 起重机控制系统电气图的特点

起重机是用来起吊和移动大型重物的机械设备，有塔式、桥式和门式等多种形式。不同形式的起重机应用场合不同，控制电路也各有特点。起重机的主要特点如下。

1	起重机电源	➡	一般起重机的电源为AC380V，由公共的交流电源供给。由于起重机在工作时经常移动，同时大车与小车之间、大车与厂房之间都存在着相对运动，因此一般采用可移动的电源设备供电。
2	软电缆供电	➡	一般采用软电缆供电，软电缆可随大、小车的移动而伸展和叠卷，多用于小型起重机；也常采用滑触线和集电刷供电，三根主滑触线沿着平行于大车轨道的方向敷设在车间厂房的一侧。三相交流电源经由三根主滑触线与滑动的集电刷引进到起重机驾驶室内的保护控制柜上，再从保护控制柜引出两相电源至凸轮控制器，另一相（称为电源的公用相）直接从保护控制柜接到各电动机的定子接线端。
3	较强过载能力	➡	由于起重机工作环境大多比较恶劣，而且经常进行重载下频繁启动、制动、反转、变速等操作，因此要求电动机具有较高的机械强度和较大的过载能力，同时要求启动转矩大、启动电流小，所以多选用绕线式异步电动机。
4	调速性能佳	➡	要保证起重机有合理的升降速度，空载、轻载要求速度快（以减少辅助工时），重载要求速度慢。对于普通起重机调速范围一般为3：1，要求较高的地方可以达到（5：1）～（10：1）。
5	升降控制力	➡	提升的第一级作为预备级，是为了消除传动间隙和张紧钢丝绳，以避免过大的机械冲击。当下放负载时，根据负载大小，电动机的运行状态可以自动转换为电动状态、倒拉反接状态或再生发电制动状态。
6	制动装置佳	➡	有十分安全可靠的制动装置（电气的或机械的）。
7	保护到位	➡	有完善可靠的电气保护环节。

5.2.2 起重机控制系统电气图识图的步骤

1	熟悉起重机所用电气设备的组成	起重机所用电气设备一般由三大部分组成：供配电与保护，各主要机构、辅助机构的电力拖动与控制设备，照明、信号、采暖降温等设施的电气设备。 供配电与保护设备是起重机的整机供配电及线路的保护，由电源进线保护开关、保护柜（屏）或总电源柜（屏）以及相应的操作及指示器件（如钥匙开关、启动停止按钮、紧急开关、指示灯等）组成。 各主要机构、辅助机构的拖动与控制设备由起重机各主要机构（如大车、小车、升降等）、辅助机构（如液压夹轨器、液压制动器）的电力拖动与控制，以及相应的安全保护装置组成，如控制柜（屏）、电阻器、制动器的电力驱动器件及操作器件（按钮、主令控制器或凸轮控制器）等。 照明、信号、采暖、降温的电气设备由起重机各部分照明、检修照明、驾驶室、电气室、货物现场间的通信、采暖降温等设施的供电与控制设备等组成。
2	了解起重机的功能和自动控制技术的特点	其次要了解起重机的功能和自动控制技术的特点，例如起重机有无装配其他设备，有无特殊吊具（如起重机电磁铁、电动或液压抓斗、旋转吊钩等）。
3	了解起重机的负载特性	还要了解起重机的负载特性，例如平移机构的负载特性、升降机构的负载特性等。
4	清楚起重机对电气控制的基本要求	清楚起重机对电气控制的基本要求，例如起重机的调速性能及调速方法、起重机的制动方式及各种安全保护和联锁环节。
5	化整为零看电路图	根据各个部分的组成及相互之间的关系，把电气与机械结合起来分析并查阅有关的技术资料，将电路"化整为零"划分成若干单元电路。然后按工作动作流程图从起始状态对应的功能单元电路开始，采用寻线读图法或逻辑代数法逐一分析。

5.2.3 电动葫芦控制电路识图

电动葫芦是一种起重量较小、结构简单的起重机械，广泛应用于工业企业中小型设备的吊运、安装和修理工作中。电动葫芦由于体积小，占用厂房面积较少，故使用起来灵活方便。

安全保护机构动作过程

在KM3线圈供电线路上串接了SB4和KM4的常闭触点，在KM4线圈供电线路上串接了SB3和KM3的常闭触点，它们对电动葫芦的前进、后退构成了复合联锁。

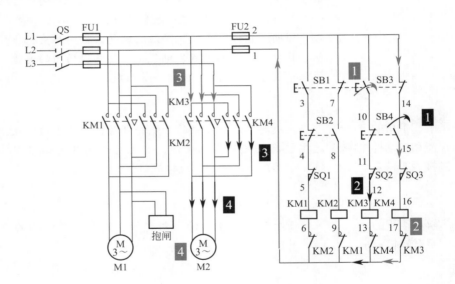

动作机构前进过程

| 1 | 按下前进按钮SB3 | 2 | 接触器KM3线圈得电动作 | 3 | KM3主触点闭合 | 4 | 电动机M2通电正转，电动葫芦前进 |

动作机构后退过程

| 1 | 按下后退按钮SB4 | 2 | 接触器KM4得电动作 | 3 | 接通电动机M2反转电路 | 4 | 电动机M2反转，电动葫芦后退 |

| 1 | 按下上升按钮SB1 | 2 | 接触器KM1线圈得电 | 3 | KM1主触点闭合 | 4 | 接通电动机M1和电磁抱闸电源 | 5 | 电磁抱闸松开闸瓦 |

| 将控制吊钩下降的KM2控制电路联锁 | 9 | KM1的常闭辅助触点（9-1）分断 | 8 | SB1常闭触点（2-7）分断 | 7 | M1通电正转提升重物 | 6 |

| 10 | 当重物提升到指定高度时，松开SB1 | 11 | KM1失电释放 | 12 | 主电路断开M1且电磁抱闸断电 | 13 | 闸瓦合拢对电动机M1制动使其迅速停止 |

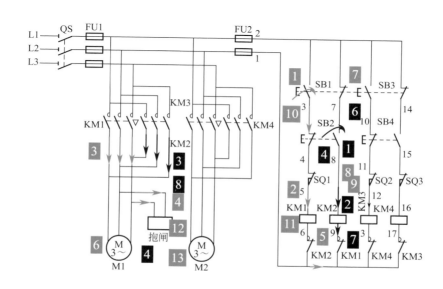

| 1 | 按动下降按钮SB2 | 2 | 接通接触器KM2 | 3 | KM2主触点闭合 | 4 | 松开电磁抱闸且电动机M1反转 | 5 | 吊钩下降 |

| 下降动作迅速停止 | 9 | 主电路断开M1且电磁抱闸因断电而对电动机制动 | 8 | KM2失电释放 | 7 | 当下降到要求高度时，松开SB2 | 6 |

| 1 | 按下前进按钮SB3 | 2 | 接触器KM3线圈得电动作 | 3 | KM3主触点闭合 | 4 | 电动机M2通电正转 | 5 | 电动葫芦前进 |

| 移动机构停止运行 | 9 | 电动机M2断电 | 8 | KM3失电释放 | 7 | 松开SB3 | 6 |

第5章 机电设备电气控制电路图识图

107

5.2.4 10t交流桥式起重机电气控制电路识图

交流桥式起重机是起重机中应用最为广泛的一种，特别是10t交流桥式起重机具有一定的代表性。

 10t交流桥式起重机元件构成

该设备体形较大，有4台电动机构成，由交流电供电

10t交流桥起重机元件构成

代号	名称	型号及规格	数量	用途
M1	吊钩电动机	YZR-200L-8，15kW	1	吊装物体用电动机
M2	小车电动机	YZR-132BM-6，3.7kW	1	小车行走电动机
M3，M4	大车电动机	YZR-160BM-6，7.5kW	2	大车行走电动机
AC1	吊钩凸轮控制器	KTJ1-50/1	1	控制吊钩电动机
AC2	小车凸轮控制器	KTJ1-50/1	1	控制小车电动机
AC3	大车凸轮控制器	KTJ1-50/5	1	控制大车电动机
YB1	吊钩电磁制动器	MZD1-300	1	制动吊钩
YB2	小车电磁制动器	MZD1-100	1	制动小车
YB3、YB4	大车电磁制动器	MZD1-200	2	制动大车
1R	吊钩电阻器	2K1-41-8/2	1	吊钩电动机启动调速
2R	小车电阻器	2K1-12-6/1	1	小车电动机启动调速
3R、4R	大车电阻器	4K1-22-6/1	2	大车电动机启动调速
QS1	总电源开关	HD-9-400/3	1	接通总电源
QS2	紧急开关	A-3161	1	发生紧急情况断开
SB	启动按钮	LA19-11	1	启动主接触器
KM	主接触器	CJ12-300/3	1	接通大车、小车、吊钩电源
KA2～KA4	过电流继电器	JL4-15	3	过电流保护
KA1	过电流继电器	JL4-40	1	过电流保护
FU	控制保护电源熔断器	RL1-15	1	短路保护
SQ5	吊钩上升位置开关	LK4-31	1	限位保护
SQ1～SQ4	大、小车位置开关	LK4-31	4	限位保护
SQ6	舱门安全开关	LX2-11H	1	舱门安全保护
SQ7、SQ8	横梁安全开关	LX2-111	2	横梁栏杆门安全保护

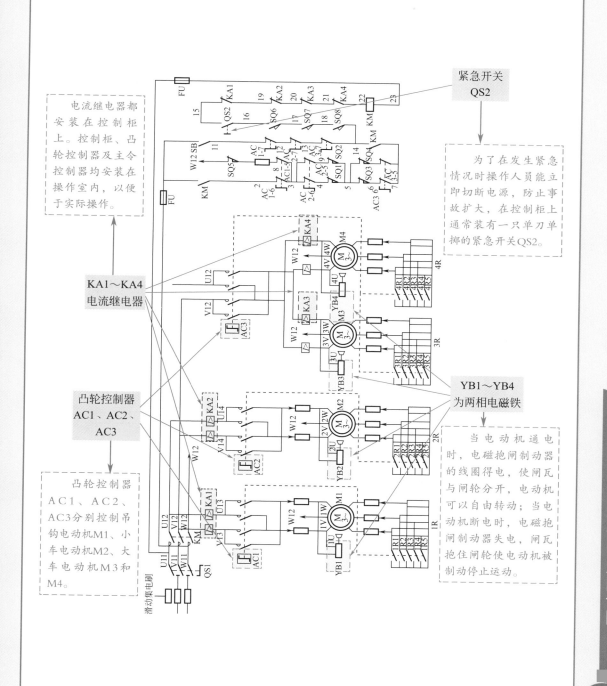

电流继电器都安装在控制柜上。控制柜、凸轮控制器及主令控制器均安装在操作室内，以便于实际操作。

KA1~KA4 电流继电器

凸轮控制器 AC1、AC2、AC3

凸轮控制器 AC1、AC2、AC3分别控制吊钩电动机M1、小车电动机M2、大车电动机M3和M4。

紧急开关 QS2

为了在发生紧急情况时操作人员能立即切断电源，防止事故扩大，在控制柜上通常装有一只单刀单掷的紧急开关QS2。

YB1~YB4 为两相电磁铁

当电动机通电时，电磁抱闸制动器的线圈得电，使闸瓦与闸轮分开，电动机可以自由转动；当电动机断电时，电磁抱闸制动器失电，闸瓦抱住闸轮使电动机被制动停止运动。

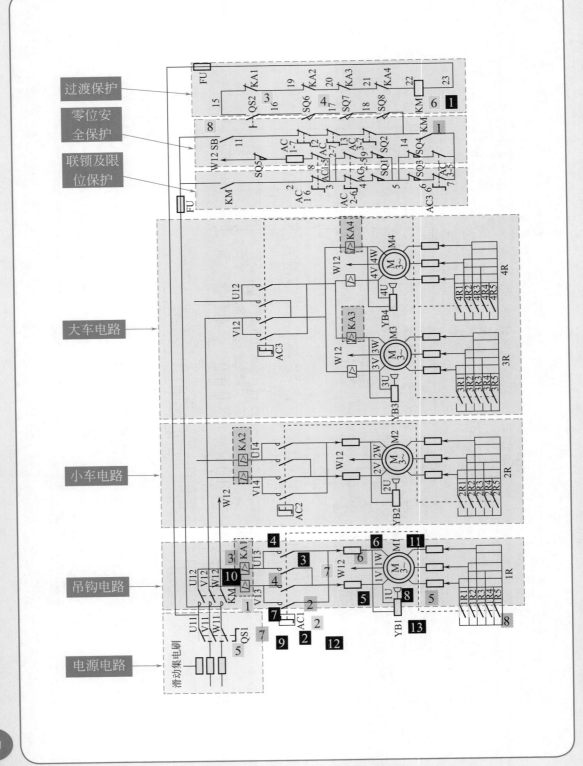

过渡保护

零位安全保护

联锁及限位保护

大车电路

小车电路

吊钩电路

电源电路

快学巧学　电工识图

主接触器准备电路 ———→ **启动电路**

1	将所有凸轮控制器手柄置于"0"位
2	零位联锁触点AC1-7、AC2-7、AC3-7处于闭合状态
3	合上QS2,关好舱门和横梁栏杆门
4	位置开关SQ6、SQ7、SQ8的常开触点也处于闭合状态

5	合上QS1,按下控制柜上的启动按钮SB
6	主接触器KM线圈吸合,KM主触点闭合,使两相电源(U12、V12)引入各凸轮控制器
7	另一相电源(W12)直接引入各电动机的定子绕组的接线端
8	主接触器KM两副常开辅助触点闭合自锁。松开启动按钮SB后,主接触器形成通路

凸轮控制器的控制电路

　　起重机的大车电动机、小车电动机和吊钩电动机容量不大,一般采用凸轮控制器控制。大车、小车和吊钩的控制过程基本相同。接下来以吊钩为例,说明控制过程。

1	主接触器KM线圈得电吸合、总电源接通的情况下	2	转动凸轮控制器AC1的手柄至向上的"1"位置时	3	AC1主触点V13-1W和U13-1U闭合

由于5对常开辅助触点均断开,M1以最低转速带动吊钩上升	6	M1接通三相电源正转	5	触点AC1-5闭合,AC1-6和AC1-7断开	4

7	转动AC1手轮,由位置"1"依次向上到"2"～"5"位时	8	5对常开辅助触点依次闭合,电动机M1的转速逐渐升高,直到预定的转速

M1的电源相序改变,M1反转,带动吊钩下降	11	由于触点V13-1U和U13-1W闭合	10	当凸轮控制器AC1手轮转至向下挡位时	9

12	若断电或将手轮转至"0"位时	13	M1断电,M1被迅速制动而停转	14	吊钩带有重负载时,应先把手轮逐级扳到"下降"的最后一挡

吊钩凸轮控制器AC1共有11个位置，中间位置是零位，左右两边各有5个位置，用来控制电动机M1在不同转速下的正反转，即用来控制吊钩的升降。AC1共用了12副触点，其中4对常开主触点控制电动机M1定子绕组的电源，并换接电源相序以实现电动机M1的正反转；5对常开辅助触点控制电动机M1转子电阻1R的切换；3对常闭辅助触点作为联锁触点，其中AC1-5和AC1-6为M1正反转联锁触点，AC1-7为零位联锁触点。

吊钩上升控制过程

| 1 | 在主接触器KM线圈得电吸合、总电源接通时 | 2 | 转动凸轮控制器AC1的手柄至向上的"1"位置 | 3 | AC1的主触点V13-1W和U13-1U闭合 |

| M1低速带动吊钩上升 | 6 | 电动机M1接通三相电源正转（此时电磁抱闸YB1得电，闸瓦和闸轮已分开） | 5 | AC1触点AC1-5闭合，AC1-6和AC1-7断开 | 4 |

| 7 | 转动AC1手轮，由位置"1"依次向上到2～5位 | 8 | 5对常开辅助触点依次闭合，短接电阻1R5～1R1，电动机M1的转速逐渐升高，直到预定的转速 |

吊钩下降控制过程

| 1 | 凸轮控制器AC1手轮转至向下挡 | 2 | 由于触点V13-1U和U13-1W闭合 | 3 | 接入电动机M1的电源相序改变，M1反转，带动吊钩下降 |

| M1被迅速制动而停转 | 6 | 电动机M1断电，电磁抱闸制动器YB1也断电 | 5 | 若断电或将手轮转至"0"位时 | 4 |

| 7 | 吊钩带有重负载时，考虑到负载的重力作用 | 8 | 在下降负载时，应先把手轮逐级扳到"下降"的最后一挡，然后根据速度要求逐级退回升速 |

>> 特殊提示

起重机的大车电动机、小车电动机和吊钩电动机容量不大，一般采用凸轮控制器控制。

由于大车被两台电动机M3和M4同时拖动，所以大车控制器AC3比AC1和AC2多了5对常开触点，以供切除电动机M4的转子电阻4R1 ～ 4R5用。大车、小车和吊钩的控制过程基本相同。

5.3 其他常用电气控制电路识图

5.3.1 全自动给水设备控制电路识图

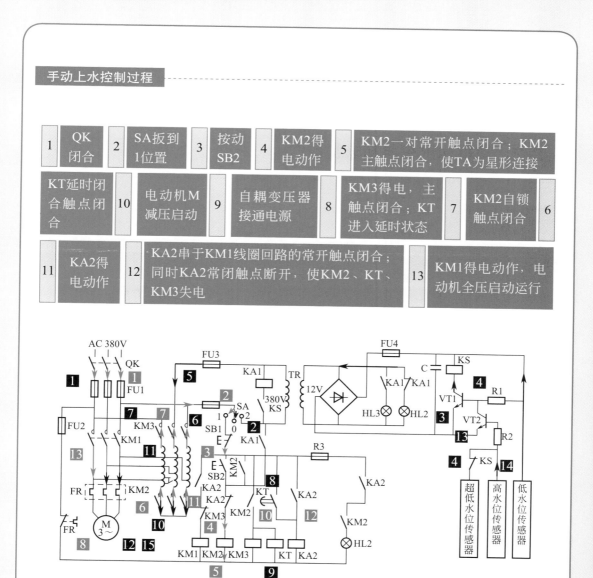

手动上水控制过程

| 1 | QK闭合 | 2 | SA扳到1位置 | 3 | 按动SB2 | 4 | KM2得电动作 | 5 | KM2一对常开触点闭合；KM2主触点闭合，使TA为星形连接 |

| KT延时闭合触点闭合 | 10 | 电动机M减压启动 | 9 | 自耦变压器接通电源 | 8 | KM3得电，主触点闭合；KT进入延时状态 | 7 | KM2自锁触点闭合 | 6 |

| 11 | KA2得电动作 | 12 | KA2串于KM1线圈回路的常开触点闭合；同时KA2常闭触点断开，使KM2、KT、KM3失电 | 13 | KM1得电动作，电动机全压启动运行 |

| 1 | QK 闭合 | 2 | SA扳到 2位置 | 3 | 若为低水位, VT1饱和导通 | 4 | 信号继电器KS得电动作, 其常闭触点断开, 常开触点闭合 |

| KT延时时间 到, 常开触点闭合 | 9 | KT开始计时, 电动机通过TA 减压启动 | 8 | KM3得 电动作 | 7 | KM2得 电动作 | 6 | KA1得电, 其 常开触点闭合 | 5 |

| 10 | KA2得电, 串于KM1线圈回路的常开触点闭合; KA2常闭触点断开, 使KM2、KM3失电 | 11 | KM1得电, 其 主触点闭合 | 12 | 电动机转为全 压继续启动 |

| 直到水位不足, 又开始新一轮的 上述过程 | 16 | KM1、KA2失电, M停车 | 15 | VT1截止, KS失电, KA1失电 | 14 | 水塔水位达 到高位, VT3饱和 | 13 |

5.3.2 蓄电池铲车控制电路识图

| 1 | 开关KS2的手柄扳到"1" 或"2" | 2 | 松开手刹车的手柄, 并放开脚刹车, 使脚踏开关SQ1复位而闭合 | 3 | 轻踏速度控制器SQ2 |

| KM1或KM2根据方向开关KS2的位置得 电吸合, 使铲车前进或后退 | 5 | 使控制开关KS3 闭合 | 4 |

蓄电池铲车主电路

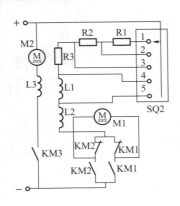

蓄电池铲车控制电路

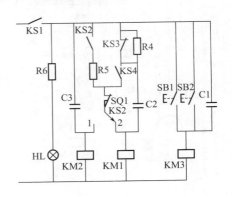

1	电源的正极	2	电锁开关 KS1	3	控制开关 KS4（在1速启动时）或 KS3（在2速至5速时）	4	脚踏开关 SQ1
	回到电源负极，构成回路	7	接触器 KM1 或 KM2 线圈（取决于方向开关 KS2 的位置）	6	方向开关 KS2	5	

电动机 M1 主电路

1	电源的正极	2	速度控制器 SQ2 的"1"号静触点	3	R1、R2、R3	4	L1、L2	5	接触器 KM1（或 KM2）常闭触点
	回到电源负极，构成回路	7	直流电动机 M1 的电枢，即接触器 KM2（或 KM1）的常开触点	6					

液压系统的油循环是由串励电动机 M2 拖动一台液压泵来进行的。液压泵将油箱中的油液吸入后，使其由低压变成高压，经油管输送到分配闸，再由分配闸根据货叉上升或下降的动作要求，将高压油送到起升缸或倾斜缸内进行工作。分配闸的操纵杆与启动按钮 SB1、SB2 联动，操作时按使用要求"拉"或"压"操纵杆，按钮 SB1 或 SB2 闭合，控制电路接通。

电子控制电路图识图

6.1 电子电路图的基本识图方法

6.1.1 电子控制电路图的组成

电子电路图的组成

　　想看懂电路图，首先要弄懂什么是电路图。所谓电路图就是将构成电路的所有元器件用特定方式和图形符号以及连线表示，用来描述元器件之间的相互关系，并表明电路的工作原理的图形。电子电路是电路的一种，是包含电子元器件的电路图。

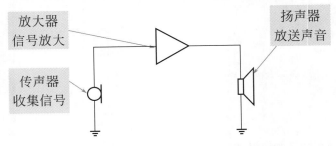

　　电子电路是电路的一种，电子电路图是一种工程语言，是电子设计师向人们表明设计意图和描述电子电路工作原理的一种手段。要想让更多的人能读懂电子电路图和了解设计意图，就必须用一些人们熟知的原则和约定来绘制电路图。必须满足如下原则。

| 1 | 遵守规则 | ➡ | 所有元器件的图形符号要按照国家标准来表示。 |
| 2 | 确定元件关系 | ➡ | 电路的连接关系按照电路理论中规定的标准方法来表示。 |

电子电路图的分类

| 1 | 框图 | 　将电子电路的构成划分为几个功能模块，每个模块用方框来表示，方框中表明模块的功能，这种图形称为框图。
　待放大的音频信号依次送入输入级、中间放大级、输出级、扬声器，完成了一个声音信号的放大过程。 | 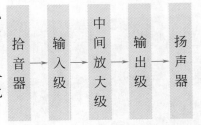 |

　　　用来表示电子电路原理的电路图称为原理图。原理图描述了电子设备的电路结构、各单元电路的具体电路形式，以及各单元电路之间的连接方式；标明了输入、输出的参数要求，每个元器件的型号及性能参数。通过原理图可以清楚地知道电路设计的所有信息。因此，原理图是产品说明书、设计报告、论文等中常常采用的电路图形式。

2 原理图 →

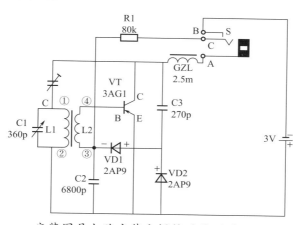

3 安装图 →

　　　安装图是电路安装和焊接时使用的图，也称布线图。简单的安装图可以手工绘制，复杂的安装图则需要计算机来绘制。安装图可分为正、反两个面，即正面安装元器件，反面布线、焊接，因此制成的电路板被称为双面板。

晶体管收音机原理图

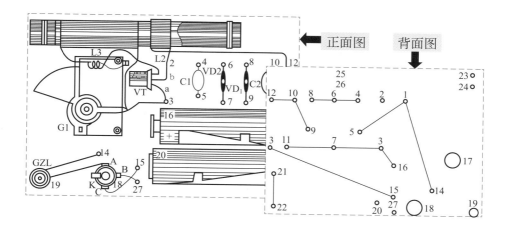

6.1.2　电子控制电路图识图的一般方法

　　要想完整识读整个控制电路，必须先要了解单元电路的概念。单元电路是指某一个振荡器电路或某一个变频器电路、一级控制器电路、一级放大器电路等，是能够完成某一电路功能的最小电路单位。

　　单元电路图是学习整机电子电路工作原理过程中，首先遇到具有完整功能的电路图。这一电路图概念的提出，完全是为了方便电路工作原理分析的需要。

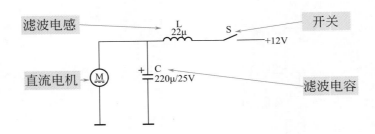

　　在上述这个单元电路中可以看出：电动机的控制电路结构、组成电路的各元器件以及这些元器件的标称参数。单元电路图具有下列一些功能。

1	清晰地表明参数	➜	单元电路图完整地表达某一级电路的结构和工作原理，有时全部标出电路中各元器件的参数，如标称阻值、标称容量和三极管型号等。
2	讲明电路原理	➜	单元电路图主要用来讲述电路的工作原理。
3	记忆电路组成	➜	单元电路图对理解电路的工作原理和记忆电路的结构、组成很有帮助。

　　整机电路中的各种功能单元电路繁多，许多单元电路的工作原理十分复杂，若在整机电路中直接进行分析就显得比较困难。通过单元电路图分析之后再去分析整机电路就显得比较简单，所以单元电路图的识图也是为整机电路分析服务的。单元电路的种类繁多，而各种单元电路的具体识图方法有所不同，下面仅介绍共性的方法。

 **有源单元电路分析**

　　所谓有源电路就是需要直流电压才能工作的电路，例如放大器电路。

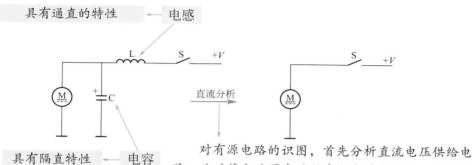

具有通直的特性 ← 电感

具有隔直特性 ← 电容

直流分析 →

对有源电路的识图，首先分析直流电压供给电路，此时将电路图中的所有电容看成开路，将所有电感看成短路。

在整机电路的直流电路分析中，电路分析的方向一般是先从右向左，因为电源电路画在整机电路图的右侧下方

对某一个具体单元电路的直流电路分析时，再从上向下分析，因为直流电压供给电路通常画在电路图的上方

整机电路图

从右向左分析直流电路

电源电路

从上向下分析直流电路

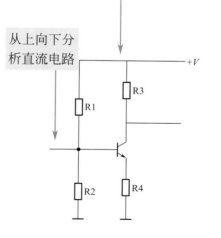

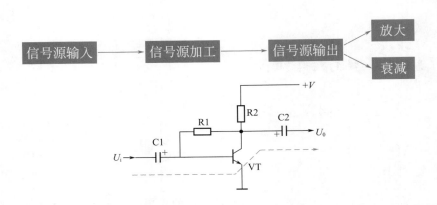

信号传输过程分析就是信号在该单元电路中如何从输入端传输到输出端,信号在这一传输过程中是如何处理的,例如得到了放大,或是受到了衰减、控制等。

 元器件作用的分析

元器件作用分析就是搞懂电路中各元器件所起的作用,主要从直流电路和交流电路两个角度去分析。

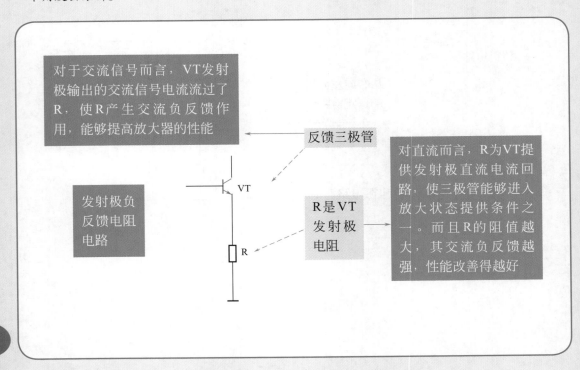

6.1.3　框图的识图方法（一）

框图是一种用来表示电路组成的电路图，比较简洁、直观，尤其是在分析集成电路应用电路图、复杂的系统电路、了解整机电路组成情况时。框图可以分成下列 3 种：集成电路内电路框图、整机电路框图和系统电路框图。

集成电路内电路框图

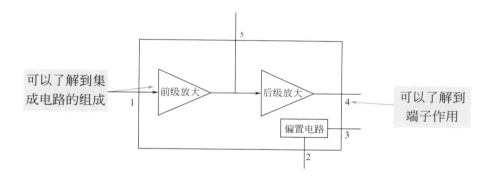

整机电路框图

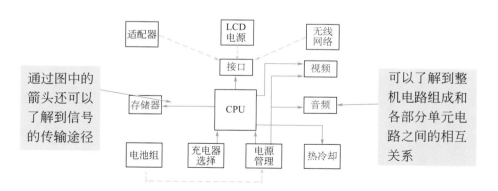

有些机器的整机框图比较复杂，有的用一张框图表示整机电路结构情况，有的则将整机电路框图分成几张。

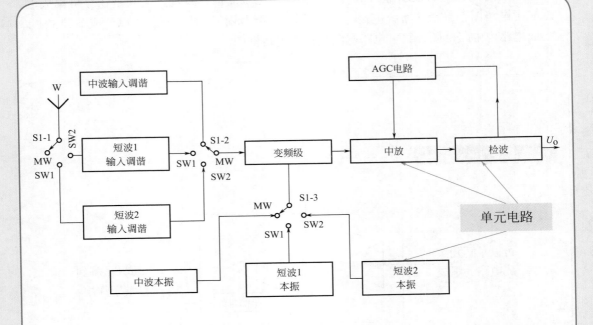

  一个整机电路是由许多系统电路构成的，系统电路框图就是用框图形式表示该系统电路组成等情况，是整机电路框图下一级的框图，往往系统框图比整机电路框图更加详细。

>>特殊提示 --

  框图简明、清楚，可方便地看出电路的组成和信号的传输方向、途径以及信号在传输过程中受到的处理过程等，例如信号是被放大还是被衰减。

  由于框图比较简洁，逻辑性强，因此便于记忆，同时它所包含的信息量大，这就使得框图更为重要。

  框图有简明的，也有详细的。框图越详细，为识图提供的有益信息就越多。在各种框图中，集成电路的内电路框图最为详细。

  框图中往往会标出信号传输的方向（用箭头表示），它形象地表示了信号在电路中的传输方向，这一点对识图是非常有用的，尤其是集成电路内电路框图，它可以帮助识图者了解某引脚是输入引脚还是输出引脚（根据引脚上的箭头方向得知这一点）。

  在分析一个具体电路的工作原理之前，或者在分析集成电路的应用电路之前，先分析该电路的框图是必要的，它有助于分析具体电路的工作原理。

6.1.4 框图的识图方法（二）

 了解整机电路图所给出的与识图相关的几种信息

通过各开关件的名称和图中开关所在位置了解其状态

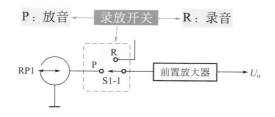

引线接插件的标注能够方便地表达各张图之间的电路关系

101表示是同一个接插件，一个为插头，一个为插座

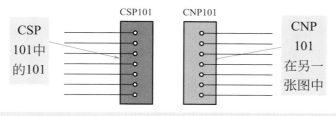

根据这一电路标注，可以说明这两张图的电路在这个接插件处相连

有些电路开关件的标注集中在一起，集中说明开关的功能

电路图

S1电源开关
S2录放开关
S3功能开关

在一些整机电路图中，会将开关件集中安置在电路图的某一处。识图时若对某个开关不了解，可以查阅这部分说明

明确识读整机电路图的主要内容

识读整机电路图，主要应弄清以下内容。

| 1 | 电路图的位置 | ➡ | 部分单元电路在整机电路图中的具体位置。 |

| 2 | 单元电路的类型 | ➡ | 单元电路的类型。 |

| 3 | 直流电供电电压 | ➡ | 直流工作电压供给电路分析。直流工作电压供给电路的识图方向是从右向左进行，对某一级放大电路的直流电路识图方向是从上而下。 |

| 4 | 交流信号分析 | ➡ | 交流信号传输分析。一般情况下，交流信号传输的方向是从整机电路图的左侧向右侧进行。 |

| 5 | 复杂电路重点分析 | ➡ | 对一些以前未见过的、比较复杂的单元电路工作原理进行重点分析。 |

| 6 | 不同电路具体分析 | ➡ | 对于分成几张图的整机电路图可以一张一张地进行识图，如果需要进行整个信号传输系统的分析，则要将各图连起来进行分析。 |

| 7 | 整机电路慢慢看 | ➡ | 对整机电路图的识图，可以在学习了一种功能的单元电路之后，分别在几张整机电路图中找到这一功能的单元电路，进行详细分析。由于在整机电路图中的单元电路变化较多，而且电路的画法受其他电路的影响而与单个画出的单元电路不一定相同，所以加大了识图的难度。 |

| 8 | 复杂电路看元件 | ➡ | 在分析整机电路过程中，对某个单元电路的分析有困难，例如对某型号集成电路应用电路的分析有困难，可以查找这一型号集成电路的识图资料（内电路框图、各端子作用等），以帮助识图。 |

| 9 | 看元件标注信息 | ➡ | 一些整机电路图中会有许多英文标注，能够了解这些英文标注的含义，对识图有很大的帮助。在某型号集成电路附近标出的英文说明就是该集成电路的功能说明。 |

快学巧学 电工识图

6.1.5 印制电路图的识读方法

　　印制电路图主要用于电气设备维修。从维修角度出发，印制电路图的重要性仅次于整机电原理图。印制电路图通常有下列两种表现形式。

 印制电路图的表现形式

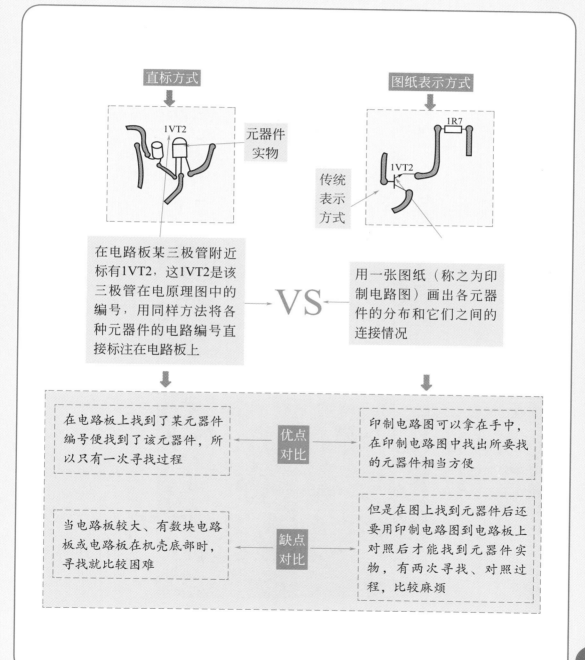

找地线时，电路板上大面积铜箔线路是地线；另外，一些元器件的金属外壳接地。在一些机器的各块电路板之间，地线也是互相连接的，但是当每块电路板之间的接插件没有接通时，各块电路板之间的地线是不通的

一些单元电路比较有特征，根据这些特征可以方便地找到。如滤波电容的容量最大、体积最大等

根据集成电路上的型号可以找到某个具体的集成电路。尽管元器件的分布、排列没有规律而言，但是同一个单元电路中的元器件相对而言还是集中在一起的

观察电路板上元器件与铜箔线路连接情况、观察铜箔线路走向时，可以将灯放在有铜箔线路的一面，在装有元器件的一面可以清晰、方便地观察到铜箔线路与各元器件的连接情况

根据一些元器件的外形特征可以比较方便地找到这些元器件。外形比较容易辨认的元器件有集成电路、功率放大管、开关件、变压器等

或者根据电阻器、电容器所在单元电路的特征，先找到该单元电路，再寻找电阻器和电容器

6.2 单元电路图识图

6.2.1 单相半波整流电路识图

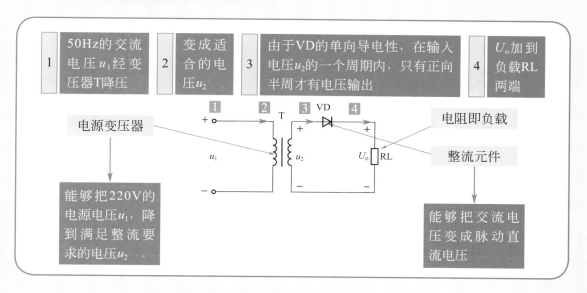

| 1 | 50Hz的交流电压u_1经变压器T降压 | 2 | 变成适合的电压u_2 | 3 | 由于VD的单向导电性，在输入电压u_2的一个周期内，只有正向半周才有电压输出 | 4 | U_o加到负载RL两端 |

电源变压器

能够把220V的电源电压u_1，降到满足整流要求的电压u_2

电阻即负载

整流元件

能够把交流电压变成脉动直流电压

6.2.2 识读单相全波整流电路识图

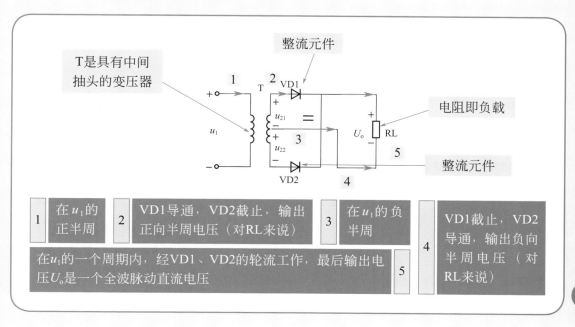

T是具有中间抽头的变压器

整流元件

电阻即负载

整流元件

| 1 | 在u_1的正半周 | 2 | VD1导通，VD2截止，输出正向半周电压（对RL来说） | 3 | 在u_1的负半周 | 4 | VD1截止，VD2导通，输出负向半周电压（对RL来说） |

| 5 | 在u_1的一个周期内，经VD1、VD2的轮流工作，最后输出电压U_o是一个全波脉动直流电压 |

6.2.3 单相桥式整流电路识图

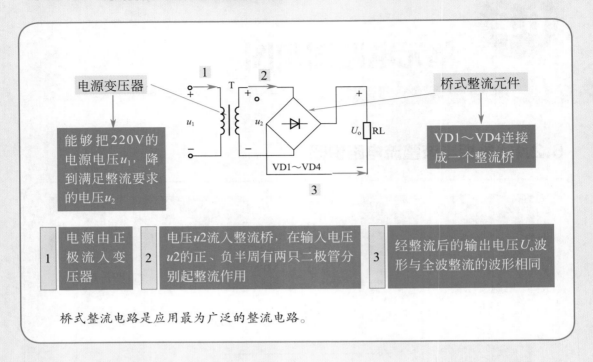

电源变压器

能够把220V的电源电压 u_1，降到满足整流要求的电压 u_2

桥式整流元件

VD1～VD4连接成一个整流桥

1	电源由正极流入变压器	2	电压 u_2 流入整流桥，在输入电压 u_2 的正、负半周有两只二极管分别起整流作用	3	经整流后的输出电压 U_o 波形与全波整流的波形相同

桥式整流电路是应用最为广泛的整流电路。

6.2.4 电容滤波电路识图

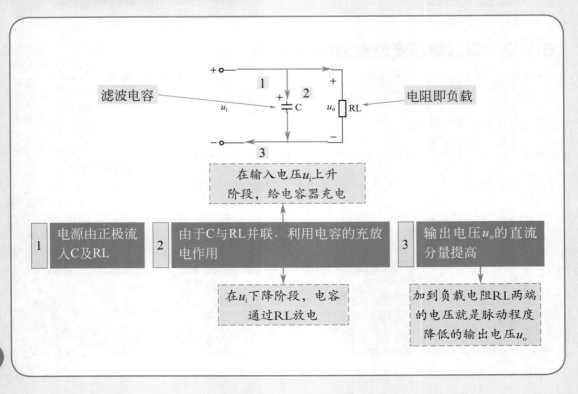

滤波电容

电阻即负载

在输入电压 u_i 上升阶段，给电容器充电

1	电源由正极流入C及RL	2	由于C与RL并联，利用电容的充放电作用	3	输出电压 u_o 的直流分量提高

在 u_i 下降阶段，电容通过RL放电

加到负载电阻RL两端的电压就是脉动程度降低的输出电压 u_o。

6.2.5　电感滤波电路识图

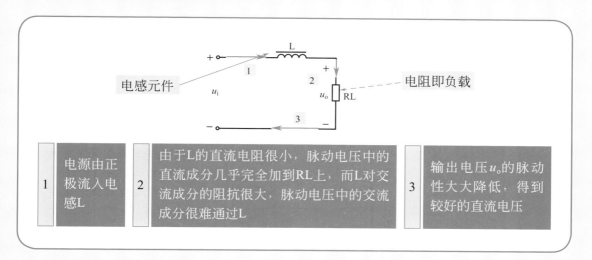

电感元件

电阻即负载

1	电源由正极流入电感L	2	由于L的直流电阻很小,脉动电压中的直流成分几乎完全加到RL上,而L对交流成分的阻抗很大,脉动电压中的交流成分很难通过L	3	输出电压u_o的脉动性大大降低,得到较好的直流电压

6.2.6　∏形滤波电路识图

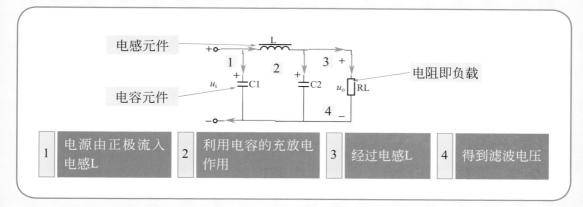

电感元件

电容元件

电阻即负载

1	电源由正极流入电感L	2	利用电容的充放电作用	3	经过电感L	4	得到滤波电压

6.2.7　反相输入加法运算电路识图

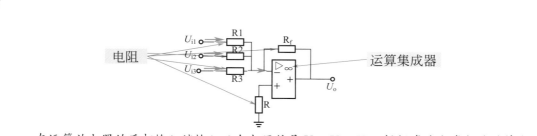

电阻

运算集成器

在运算放大器的反相输入端输入三个电压信号U_{i1}、U_{i2}、U_{i3},根据虚地和虚断路的特点,可以导出输出和输入的关系。

6.2.8　基本电压放大器电路识图

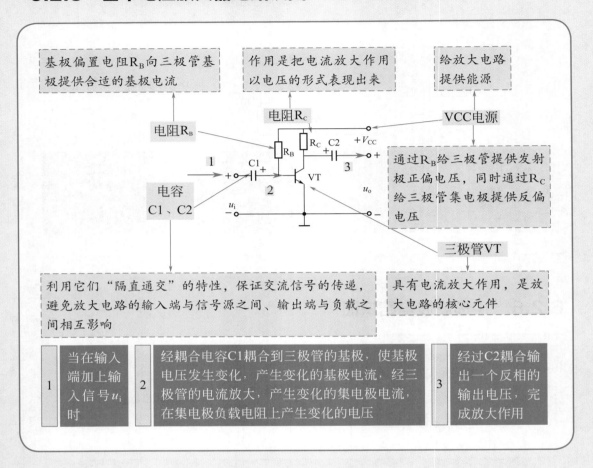

基极偏置电阻R_B向三极管基极提供合适的基极电流

作用是把电流放大作用以电压的形式表现出来

给放大电路提供能源

电阻R_B

电阻R_C

VCC电源

电容 C1、C2

三极管VT

通过R_B给三极管提供发射极正偏电压，同时通过R_C给三极管集电极提供反偏电压

利用它们"隔直通交"的特性，保证交流信号的传递，避免放大电路的输入端与信号源之间、输出端与负载之间相互影响

具有电流放大作用，是放大电路的核心元件

| 1 | 当在输入端加上输入信号u_i时 | 2 | 经耦合电容C1耦合到三极管的基极，使基极电压发生变化，产生变化的基极电流，经三极管的电流放大，产生变化的集电极电流，在集电极负载电阻上产生变化的电压 | 3 | 经过C2耦合输出一个反相的输出电压，完成放大作用 |

6.2.9　变压器反馈式LC振荡电路识图

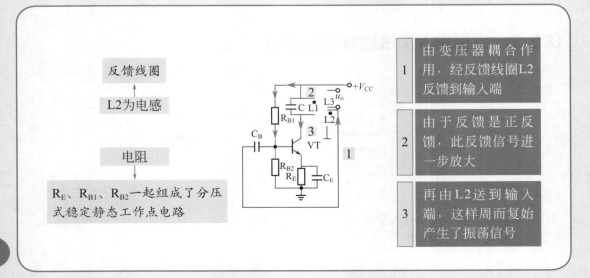

反馈线圈

L2为电感

电阻

R_E、R_{B1}、R_{B2}一起组成了分压式稳定静态工作点电路

1	由变压器耦合作用，经反馈线圈L2反馈到输入端
2	由于反馈是正反馈，此反馈信号进一步放大
3	再由L2送到输入端，这样周而复始产生了振荡信号

6.3 电子电路框图识图

6.3.1 调频收音机电路框图识图

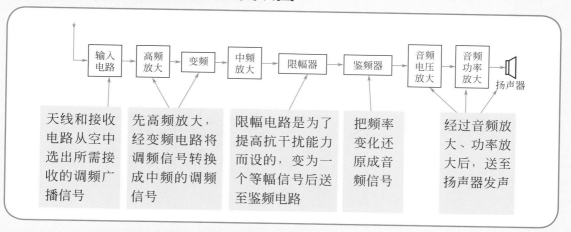

6.3.2 立体声收录机电路框图识图

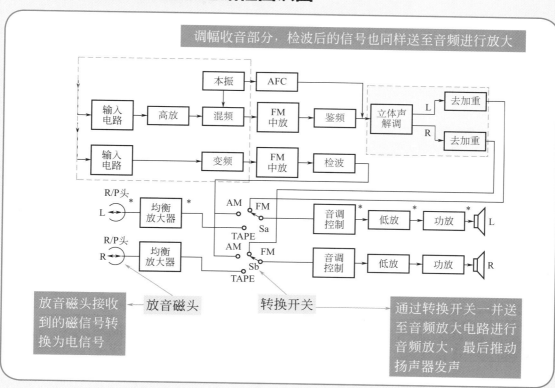

6.4 整机电路图识图

6.4.1 断线防盗报警器电路识图

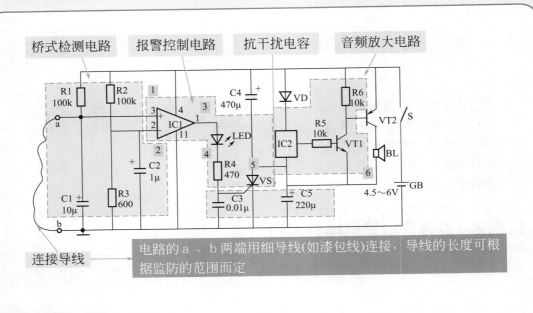

桥式检测电路　　报警控制电路　　抗干扰电容　　音频放大电路

R1 100k　R2 100k　IC1　C4 470μ　VD　R6 10k　VT2　S
a　LED　R5 10k　VT1　BL
C2 1μ　R4 470　IC2
C1 10μ　R3 600　VS　C3 0.01μ　C5 220μ　4.5～6V　GB
b

连接导线

电路的 a 、b 两端用细导线(如漆包线)连接，导线的长度可根据监防的范围而定

a、b之间用细导线短接情况

1	IC1的3端子（同相输入端）变为低电平	2	IC1的2端子(反相输入端)电位高于3端子电位	3	IC1的1端子(输出端)变为低电平
报警器处于监控状态	6	VS因门极（G极）上无触发电平而处于截止状态，音频放大电路不工作	5	发光二极管LED不发光	4

a、b之间用细导线断开情况

1	IC1的3端子（同相输入端）变为高电平	2	IC1的2端子(反相输入端)电位低于3端子电位	3	IC1的1端子(输出端)变为高电平
扬声器BL中发出响亮的报警声音	6	VS受触发而导通，使音频放大电路工作	5	发光二极管LED点亮	4

6.4.2 水塔自动供水装置电路识图

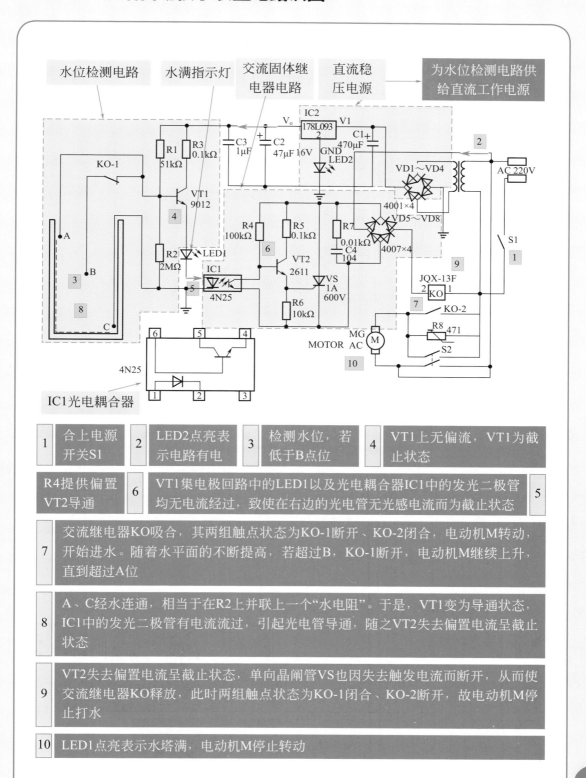

1 合上电源开关S1	**2** LED2点亮表示电路有电	**3** 检测水位,若低于B点位	**4** VT1上无偏流,VT1为截止状态	

R4提供偏置VT2导通	**6**	VT1集电极回路中的LED1以及光电耦合器IC1中的发光二极管均无电流经过,致使在右边的光电管无光感电流而为截止状态	**5**

7 交流继电器KO吸合,其两组触点状态为KO-1断开、KO-2闭合,电动机M转动,开始进水。随着水平面的不断提高,若超过B,KO-1断开,电动机M继续上升,直到超过A位

8 A、C经水连通,相当于在R2上并联上一个"水电阻"。于是,VT1变为导通状态,IC1中的发光二极管有电流流过,引起光电管导通,随之VT2失去偏置电流呈截止状态

9 VT2失去偏置电流呈截止状态,单向晶闸管VS也因失去触发电流而断开,从而使交流继电器KO释放,此时两组触点状态为KO-1闭合、KO-2断开,故电动机M停止打水

10 LED1点亮表示水塔满,电动机M停止转动

6.4.3 定时放音和睡眠控制电路识图

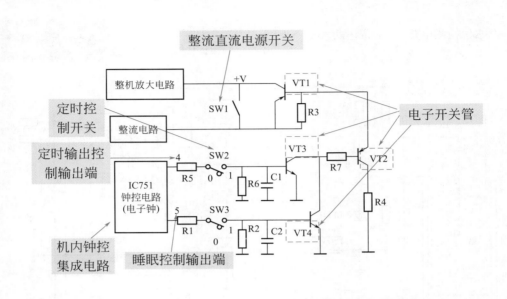

整流直流电源开关

整机放大电路

+V

VT1

R3

电子开关管

定时控制开关

整流电路

SW1

SW2

VT3

R7

VT2

定时输出控制输出端

4

R5

0 1

R6

C1

IC751 钟控电路 (电子钟)

5

R1

SW3

0 1

R2

C2

VT4

R4

机内钟控集成电路

睡眠控制输出端

启动控制电路

1	调整钟控集成电路，确定启动时间	2	将SW2拨在1位置	3	当机内电子钟启动时间到	4	IC751的4脚输出高电平

VT2导通，集电极电位下降	8	VT2基极经R7接地，为低电位	7	VT3饱和导通，相当于集电极接地	6	经R5、SW2加到VT3基极	5

9	VT1获得饱和及导通的基极偏置电压	10	VT1饱和导通相当于SW1接通	11	整流电路输出直流电压经VT1加到放大电路，完成定时启动过程

睡眠控制电路

1	通过电子时钟调节，确定关机时间	2	将SW3置于1位置	3	IC751输出高电平经R1、SW3加到VT4基极	4	VT4饱和导通

VT4截止	7	当录音机工作到需要倒计时的时间时，IC751的5脚高电位消失	6	VT2饱和导通，由VT1代替SW1给整机放大电路提供工作电压	5

8	VT2、VT4均截止	9	整机放大电路失去工作电压，录音机停机，实现了睡眠控制

印制电路图识图

6.5.1 识读报警器电路识图

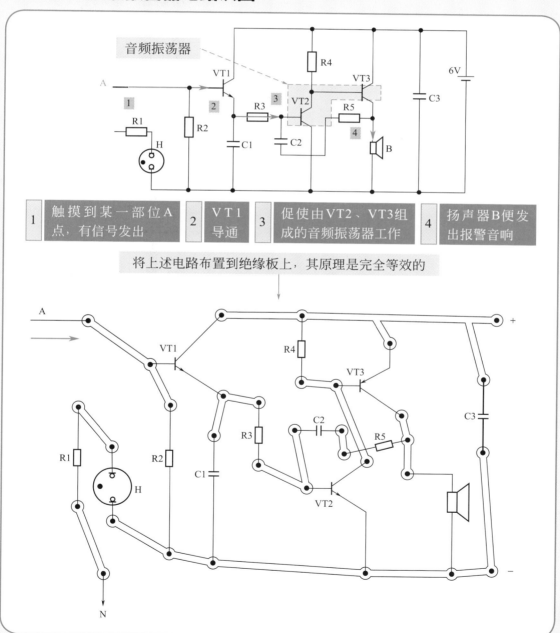

音频振荡器

| 1 | 触摸到某一部位A点，有信号发出 | 2 | V T 1 导通 | 3 | 促使由VT2、VT3组成的音频振荡器工作 | 4 | 扬声器B便发出报警音响 |

将上述电路布置到绝缘板上，其原理是完全等效的

6.5.2　绕线式异步电动机调速控制电路识图

下图是另一种装配图，在图中以简化的形式，如简化外形符号、文字说明、实物形状、项目代号等，给出了－S00～－S33等元件的安装位置、固定方法和其他装配信息。

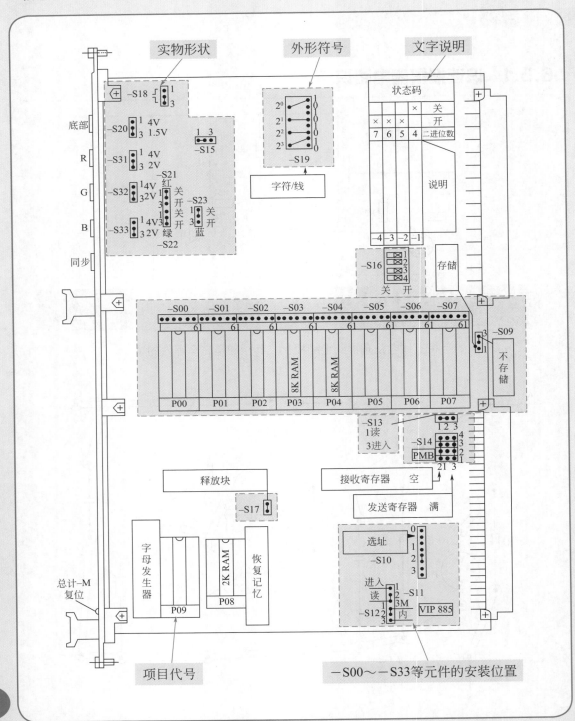

第**7**章

PLC控制系统电气图识图 ◂◂◂

PLC控制系统电气图的基础

7.1.1 PLC控制系统电气图的特点

随着微电子技术的发展，计算机控制系统逐步取代了常规的控制器，而在计算机控制系统中，可编程控制器（PLC）的使用非常广泛。PLC是一种专为在工业环境下应用而设计的数字式运算操作的电子系统。它采用一种可编程序的存储器，在其内部存储执行逻辑运算、顺序控制、定时、计数和算术运算等操作的指令，并通过数字式或模拟式的输入/输出来控制各种类型的机械设备或生产过程。PLC是自动控制技术、计算机技术和通信技术三者相结合的高科技产品，其主要特点如下。

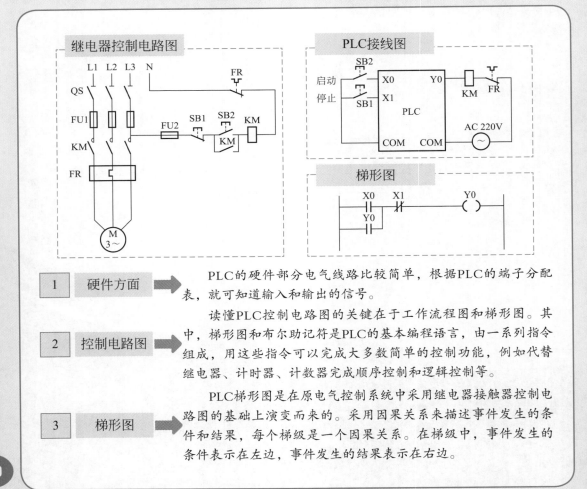

| 1 | 硬件方面 | → | PLC的硬件部分电气线路比较简单，根据PLC的端子分配表，就可知道输入和输出的信号。 |

读懂PLC控制电路图的关键在于工作流程图和梯形图。其中，梯形图和布尔助记符是PLC的基本编程语言，由一系列指令组成，用这些指令可以完成大多数简单的控制功能，例如代替继电器、计时器、计数器完成顺序控制和逻辑控制等。

PLC梯形图是在原电气控制系统中采用继电器接触器控制电路图的基础上演变而来的。采用因果关系来描述事件发生的条件和结果，每个梯级是一个因果关系。在梯级中，事件发生的条件表示在左边，事件发生的结果表示在右边。

7.1.2 PLC控制系统电气图的识图方法

PLC控制系统与继电器接触器控制系统有很多相似之处，阅读时可以相结合，基本的方法和步骤如下。

| 1 | 了解系统工艺 | ➡ | 了解该控制系统的工艺流程，理解所能达到的具体功能。根据控制系统需完成的控制任务，对被控对象的工艺过程、工作特点以及控制系统的控制过程、控制规律、功能和特征进行详细分析。 |

| 2 | 看主电路 | ➡ | 看主电路，进一步了解完成功能所应用的执行装置或元器件。 |

| 3 | 看输入/输出(I/O) | ➡ | 看PLC控制系统的输入/输出（I/O）分配表和硬件连接图，了解输入信号和对应输入继电器的编号以及输出继电器分配和所接对应负载。 |

| 4 | 看梯形图 | ➡ | 看PLC控制系统的梯形图或状态转移图。这一部分是PLC控制系统的重点部分。在读PLC梯形图时，不仅要了解编写梯形图的控制要求及I/O分配，还要熟悉梯形图编写原则。PLC梯形图具有以下规律。 |

PLC梯形图所具有的规律

- 与电气操作原理图相对应，具有直观性和对应性。

- 与原有的继电器逻辑控制技术相一致，对于电气技术人员来说，易于掌握和学习。

- 与继电器逻辑控制技术不同点是，梯形图中的能流不是实际意义的电流，梯形图中的内部继电器及其触点也不是实际存在的继电器和触点（称之为软继电器、软触点）。

PLC梯形图按行从上至下编写，每一行从左至右顺序编写，PLC的扫描顺序与梯形图编写顺序一致。梯形图左边垂直线称为左母线。左边放置输入触点（包括外部输入触点、内部继电器触点、定时器触点、计数器触点）。输出线圈放在最右边，紧靠右母线。输出线圈可以是输出控制线圈、内部继电器线圈，也可以是计时器、计数器的运算结果。梯形图中的触点可以任意串、并联，而输出线圈只能并联不能串联。

PLC输出线圈的触点可以多次重复使用，不像实际继电器所带触点的数量是有限的。内部继电器线圈不能作输出控制用，它们只是一些中间存储状态寄存器。梯形图的梯级必须有一个终止的指令，表示程序扫描的结束。

看梯形图的步骤如下。

1	观察I/O分配表	➡	根据I/O设备以及PLC的I/O分配表和梯形图，找出输入继电器、输出继电器、定时器、内部辅助继电器，并给出与继电器、接触器控制电路相对应的文字代号。
2	多看梯形图中文字代号标注	➡	将相应的输入设备、输出设备、中间继电器、时间继电器的文字代号标注在梯形图软继电器线圈及其触点旁。
3	分段看PLC	➡	将梯形图分段，每一分段可以是梯形图的一个逻辑行或几个逻辑行，而每分段相当于继电器接触器控制电路的分支电路。
4	根据梯形图画出控制电路	➡	将每一逻辑行画出其对应的继电器接触器控制电路。
5	看继电器触点闭合、断开	➡	某继电器线圈得电，其所有常开触点均闭合、常闭触点均断开。某继电器线圈失电，其所有已闭合的常开触点均断开（复位），所有已断开的常闭触点均闭合（复位）。因此继电器线圈得电、失电后，要找出其所有的常开触点、常闭触点，分析其对相应继电器的影响。
6	从第一逻辑行开始看梯形图	➡	第一逻辑行为程序启动行。按启动按钮，接通某输入继电器，该输入继电器的所有常开触点均闭合、常闭触点均断开。再找出受该输入继电器常开触点闭合、常闭触点断开影响的继电器，并分析使这些继电器产生什么动作，进而确定这些继电器的功能。值得注意的是，这些继电器有的可能立即得电动作，有的并不立即动作而只是为其得电动作做准备。

PLC控制系统电气图识图

7.2.1 三相异步电动机启动、保持和停止电路识图

三相异步电动机启动、保持和停止电路的梯形图是PLC中应用极为广泛的启动、保持和停止电路（简称为启保停电路）。由于其外形和继电器控制电路中的自锁电路一致，因而人们在许多场合仍旧习惯性地大量使用它。在本章开头讲到的电路即为此电路，由于启保停电路非常重要，在此再次着重予以说明。

启动电路

| 1 | 启动按钮SB2闭合 | 2 | X0状态为ON，其常开触点接通 | 3 | 停止按钮SB1未动，X1状态仍为OFF，其常闭触点闭合 |

Y0接口所接的接触器KM主触点控制的是三相异步电动机，那么电动机就会运行 | 5 | | Y0的线圈得电 | 4

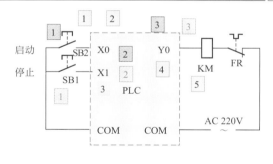

自保电路

| 1 | 松开SB2 | 2 | X0状态变为OFF后，其常开触点断开 | 3 | 由于Y0仍为ON，Y0常开触点闭合，X1仍然能够通电 |

停止电路

| 1 | 停止按钮SB1接通后 | 2 | X1为ON，其常闭触点断开 | 3 | 导致Y0线圈失电，Y0常开触点断开，电动机就会停止 |

7.2.2　三相异步电动机正反转控制电路识图

把热继电器FR的常闭触点串联于输出电路中而未作为输入信号处理。为避免接触器线圈失电后触点由于熔焊仍然接通情况下另一个接触器得电吸合，在输出电路中设置了接触器辅助常闭触点的互锁。

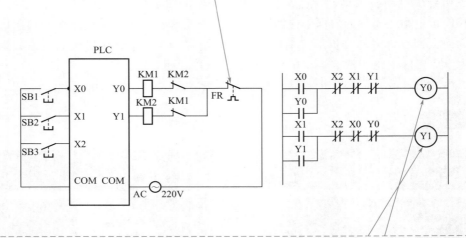

三相异步电动机正反转控制图梯形图采用了两个自保停电路的组合，并像继电器控制一样采用了Y0、Y1常闭触点串于对方进行电气互锁。

>> 特殊提示

在主电路中，KM1的三个常开主触点控制电动机的正向运转，KM2的常开主触点控制电动机的反向运转。

通过启保停电路以及正反转控制电路可以看出，梯形图电路和继电器控制中的控制电路有很大的相似性，这正是熟悉继电器控制的工程技术人员学习PLC很容易的原因。但这并不能说明继电器控制系统的控制电路和梯形图有着绝对的对应关系。

7.2.3　三相异步电动机星形－三角形启动控制电路识图

在此例中，分别列出了三相异步电动机Y-△启动控制的PLC外部接线图。主电路这里未画出，可参照本章开头所画电路图。在主电路中，KM1、KM3控制电动机Y接法启动运转，KM1、KM2控制电动机的△接法正常运转。为避免KM2、KM3同时动作，在接线图中用常闭触点进行了互锁。

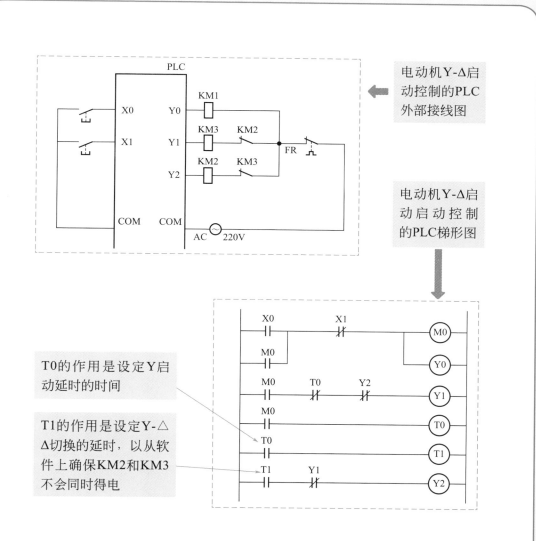

电动机Y-△启动控制的PLC外部接线图

电动机Y-△启动启动控制的PLC梯形图

T0的作用是设定Y启动延时的时间

T1的作用是设定Y-△△切换的延时，以从软件上确保KM2和KM3不会同时得电

由于接触器质量问题，KM2接触器主触点可能被断电时产生的电弧熔焊而黏结。如果发生这种情况，下次按下SB1启动时，M0自保，Y0状态为ON，KM1立即为ON，电动机就会直接再启动。从这个角度出发，把KM2的辅助常闭触点与SB1启动按钮串联，可以避免全压启动的发生。

LOGO！通用型PLC控制电气电路识图

7.3.1　LOGO！应用于电动机星形－三角形启动器电路识图

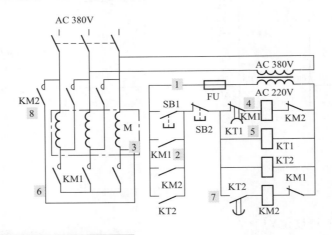

电动机星形-三角形启动器控制电路

电动机星形-三角形启动器电路过程

1	按下启动按钮SB1	2	接触器KM1主触点闭合	3	电动机定子绕组接成星形(KM1的常闭辅助触点断开，以防止KM2闭合而造成的电源短路)

KM1主触点断开，其常闭触点闭合为KM2接通做好准备	6	经一定的时间延时后KM1常闭触点断开，KM1线圈失电	5	时间继电器KT1、KT2线圈得电	4

7	经一定的时间延时后KT2常开触点闭合，使KM2线圈得电	8	KM2主触点闭合，定子绕组接成三角形(KM2的常闭辅助触点串入KM1的线圈回路，为防止电源短路)

　　时间继电器常开瞬动触点KT2是为了KM1的常开辅助触点断开而KM2尚未闭合时起到保持控制电路仍在接通的自锁作用。从上图不难看出，星形－三角形启动器中时间继电器起着十分重要的作用。

快学巧学　电工识图

使用LOGO!的电气控制接线图

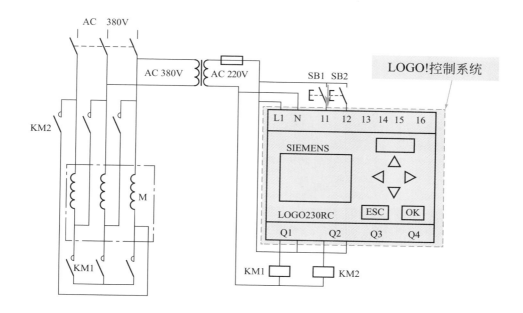

PLC程序的逻辑框图

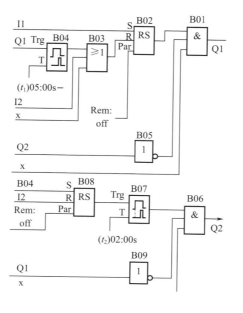

应用LOGO!的电动机的过程控制

应用LOGO！电动启动电路过程

1 启动信号I1接通（按下按钮SB1）

2 锁定继电器B02输出高电平(Q2为低电平，经反相器B05后为高电平）

3 B02通过与门B01使Q1输出接通

5 同时，Q1高电平触发时间延时继电器B04计时，经过延时时间t_1（在B04的T参数设置）

4 KM1得电，从而使KM1的主触点闭合，电动机定子绕组接成星形

6 B04的输出端变为高电平，并通过或门B03到达B02的R输入端，将B02清零

7 使Q1继电器输出断开，KM1的线圈失电，KM1的主触点断开

9 经过I2时间后B07输出高电平

8 B04的高电平同时也使锁定继电器B08的输出置为高电平，触发时间延时继电器B07计时，延时时间t_2(在B07的T参数设置)

10 B07通过与门B06（因此时Q1为低电平，经反相器B09后为高电平，允许B07的高电平通过）

11 继电器输出Q2接通,KM2主触点闭合，电动机接成三角形

应用LOGO！电动停止电路过程

1 当按下按钮SB2时

2 产生停止信号I2

3 将B02和B08锁定继电器输出清零

4 从而使Q1或O2断开，系统停止

应用LOGO！电动机电路控制框图

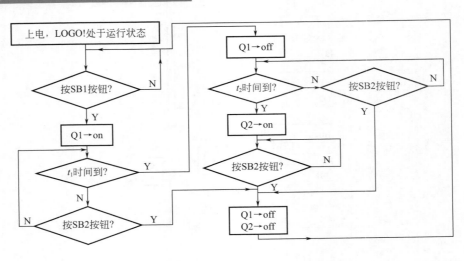

7.3.2　LOGO!应用于无热再生空气干燥器电路识图

无热再生空气干燥器有A、B两个干燥塔，它们交替工作，循环干燥，其改用LOGO!通用型PLC控制系统应用如下。

 无热再生空气干燥器控制过程

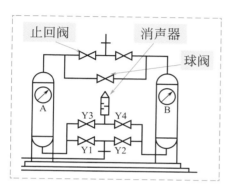

无热再生空气干燥器电路电气图

无热再生干燥控制器工作程序表

无热再生空气干燥器电路控制过程

1	压缩空气经气动薄膜切断阀Y1进入干燥塔A
2	沿干燥床层上升脱水干燥
3	小部分干燥空气通过球阀，降至常压进入干燥塔B
4	使先前吸附了水分的干燥剂获得再生
5	再生后的气体由气动切断阀Y4经消声器接入大气

阀号	时间/s						
	0	10	270	300	310	570	600
Y1	O	O	O	C	C	C	O
Y2	C	C	C	O	O	O	C
Y3	C	C	C	C	C	O	C
Y4	C	O	C	C	C	C	C

注：Y1、Y2为气闭阀，Y3、Y4为气开阀，O为阀开状态，C为阀闭状态。

通过电气控制图和工作程序表可以看出，该干燥过程频繁应用A、B两个干燥塔，利用止回阀及球阀相关阀门控制空气流向，以完成空气的干燥过程。接下来将该系统改制，应用LOGO!通用型PLC控制系统来控制这个干燥过程。

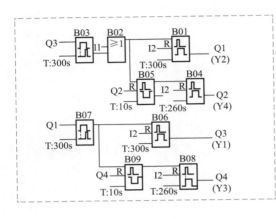

LOGO!PLC程序逻辑图

应用LOGO!PLC控制系统电气图

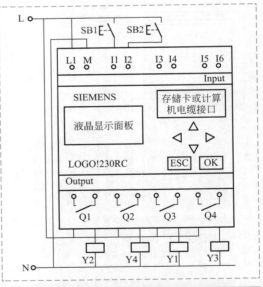

1 当按下按钮SB1时，I1端输入"1"

2 "或功能块"(B02)输出也为1,此后分为两路

3 一路输入断开延时功能块(B01)，B01Q1为1，Y2关闭,同时输入B07

3 输入"保持接通延时功能块"(B05),延时10s后,断开B04输入1

4 经设定时间10s后，B09输出1，输入"断开延时功能块"(B08)

5 Q4为1，Y2阀打开，Q4为1同时输入B09的复位端

6 使B09复位，又经设定时间260s，B08的Q4为0，Y3阀关闭

7 经设定时间300s，B06的Q3为0，Y1阀打开，B03输出1

8 输入B02接着重复开始的工作过程,进入下一个周期工作

7.3.3 LOGO！应用于螺旋格栅机电路识图

螺旋格栅机主要用于水处理系统中，对以各种状态存在于水中的漂浮物、悬浮物等进行过滤、压榨、传输，实现固液分离的目的。其控制部分采用了LOGO! 230RC型控制器，满足了工艺要求，运行效果良好。

应用LOGO！系统的程序流程图

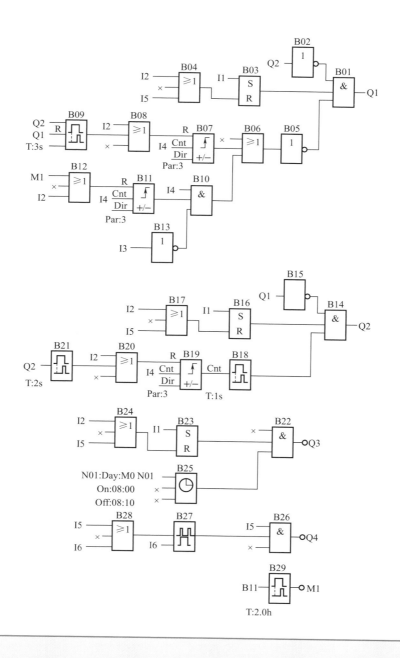

L1 M I1 I2 I3 I4 I5 I6

Input

存储卡或计算机电缆接口

液晶显示面板

LOGO'230RC

ESC OK

Output

Q1 Q2 Q3 Q4

K1 K2 Y1 Y2 HA

N

1 按下启动按钮SB1，设备启动

2 锁定继电器B03、B16、B23的输出为1

3 Q2输出为0，Q1输出为1，旋转电动机正转

4 正转3周，操作杆处于12点钟位置

5 12点钟位置开关己动作3次，计数器功能块B07、B19到达设定值

6 Q1输出为0

7 经过延时功能块B18延时1s后Q2输出为1，旋转电动机反转

8 反转角度由延时功能块B21的延时时间决定，根据现场实际情况调为2s

10 当计数器B11到达设定值，设定为13次

9 为避免反转停止后立即正转，通过保持接通延时继电器B09延时3s[实际间隔时间为3s(B09)−2s(B21)=1s]

11 旋转把正转至12点钟位置时，Q1、Q2输出均为0

12 接通延时功能块B29开始延时2h

14 LOGO!内部辅助继电器M1为1，将计数器B11复位，Q1再次输出，开始下一循环过程

13 当B29延时时间到时

15 上冲洗水电磁阀Y2开闭时间由时钟功能块B25设定

14 栅前水位高信号输入I3端时，Q1即输出为1，液位信号优先

13 当B29延时时间未到时

16 当电动机故障信号I5来时

17 Q1、Q2输出为0，Q4输出为1，故障报警电铃HA报警，提醒值班人员检查处理

18 当按下故障消声按钮SB3时

20 当按下停止按钮SB2时，设备即停止运行

19 脉冲继电器功能块B27复位

第8章

变频器控制电路图识图 ◀◀◀

8.1 变频器的基础

8.1.1 变频器的分类

变频器是把工频电源（50Hz或60Hz）转换成各种频率的交流电源，以实现电动机变速运行的设备。其中控制电路完成对主电路的控制，整流电路将交流电转换成直流电，直流中间电路对整流电路的输出进行平滑滤波，逆变电路将直流电再逆变成交流电。对于如矢量控制变频器这种需要大量运算的变频器来说，有时还需要一个进行转矩计算的CPU以及一些相应的电路。

交-直-交变频器

交-直-交变频器又称为间接变频器，其基本组成电路有整流电路和逆变电路两部分，整流电路将工频交流电整流成直流电，逆变电路再将直流电逆变成频率可调节的交流电。根据变频电源的性质，可分为电压型变频和电流型变频。

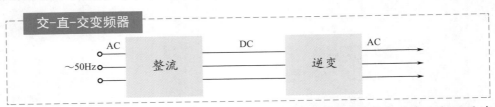

在电压型变频器中，整流电路产生的直流电压通过电容进行滤波后供给逆变电路。由于采用大电容滤波，故输出电压波形比较平直，在理想情况下可以将其看成一个内阻为零的电压源。逆变电路输出的电压为矩形波或阶梯波。电压型变频器多用于不要求正反转或快速加减速的通用变频器中。

| 1 | 电压型变频器 |

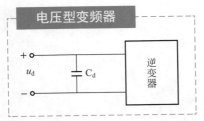

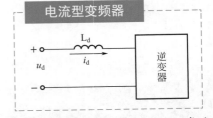

当交-直-交变频器的中间直流环节采用大电感滤波时，直流电流波形比较平直，因而电源内阻很大，对负载来说其基本上是一个电流源。逆变电路输出的电流为矩形波。电流型变频器适用于频繁可逆运转的变频器和大容量的变频器中。

| 2 | 电流型变频器 |

快学巧学 电工识图

<table>
<tr><td>3</td><td>电压、电流型
变频器</td></tr>
</table>

对于变频调速系统来说，由于异步电动机是感性负载，不论它处于何种状态，功率因数都不会等于1.0，所以在中间直流环节与电动机之间总存在无功功率的交换，这种无功能量只能通过直流环节中的储能元件来缓冲。电压型变频器和电流型变频器的主要区别是用来缓冲无功能量的储能元件不同。

交－交变频器

单相交－交变频器的原理框图如下图所示。它只用个转换环节就可以把恒压、恒频（CVCF）的交流电源转换为变压变频（VVVF）的电源，因此它又称为直接变频器。

单相交－交变频器输出的每相都是一个两组晶闸管整流反并联的可逆电路，参看下图。

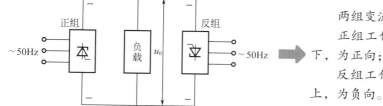

两组变流电路都是半控电路：
正组工作时，负载电流自上而下，为正向；
反组工作时，负载电流自下而上，为负向。

改变两组变流电路的切换频率，就可以改变输出到负载上的交流电压频率；改变交流电路工作时的触发延迟角 α，就可以改变交流输出电压的幅值。

对于三相负载，需用三套反并联的可逆电路。输出平均电压相位依次相差120°。这样，如果每个整流电路都用桥式，则共需6个晶闸管。

按输出电压调制方式分类

　　根据调压方式的不同，交-交变频器又分为脉幅调制（PAM）和脉宽调制（PWM）两种。

脉幅调制（PAM）

　　脉幅调制是指改变电压源的电压 E_d 或电流源的电流 I_d 的幅值进行输出控制的方式。因此，在逆变器部分只控制频率，在整流器部分只控制电压或电流。

脉宽调制（PWM）

　　宽调制是指变频器输出电压的大小是通过改变输出脉冲的占空比来实现的。目前使用最多的是占空比按正弦规律变化的正弦波脉宽调制方式，即 SPWM 方式。

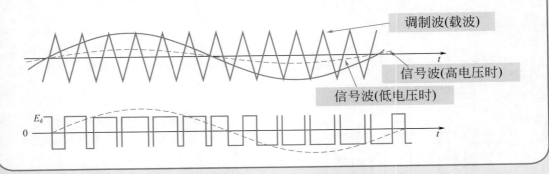

 按变频的控制方式分类

　　按控制方式不同，变频器可以分为 V/f 控制、SF 控制和 VC 控制三种类型。

| 1 | V/f控制变频器 ➡ | V/f控制即压频比控制。它的基本特点是对变频器输出的电压和频率同时进行控制，通过保持V/f恒定使电动机获得所需的转矩特性。基频以下可以实现恒转矩调速，基频以上则可以实现恒功率调速。这种方式控制电路成本低，多用于精度要求不高的通用变频器。 |

| 2 | SF控制变频器 | → | SF控制即转差频率控制，是在V/f控制基础上的一种改进方式。采用SF转差频率控制方式，变频器通过电动机、速度传感器构成速度反馈闭环调速系统。变频器的输出频率由电动机的实际转速与转差频率之和自动设定，从而在控制调速的同时也使输出转矩得到控制。该控制方式是闭环控制，故与V/f控制相比，其调速精度与转矩动特性较优。但是由于这种控制方式需要在电动机轴上安装速度传感器，并需依据电动机特性调节转差，故通用性较差。 |

| 3 | VC控制变频器 | → | VC控制即矢量控制，VC控制的基本思想是将异步电动机的定子电流分解为产生磁场的电流分量（励磁电流）和与其相垂直的产生转矩的电流分量（转矩电流），并分别加以控制，即模仿直流电动机的控制方式对异步电动机的磁场和转矩分别进行控制，可获得类似于直流调速系统的动态性能。由于在这种控制方式中必须同时控制异步电动机定子电流的幅值和相位，即控制定子电流矢量，故这种控制方式被称为VC控制。 |

按用途分类

| 1 | 通用变频器 | → | 通用变频器的特点是其通用性。随着变频技术的发展和市场需要的不断扩大，通用变频器也在朝着两个方向发展：一是低成本的简易型通用变频器；二是高性能的多功能通用变频器。 |

| | 简易型通用变频器 | → | 这是一种以节能为主要目的而简化了一些系统功能的通用变频器。这种变频器主要应用于水泵、风扇和鼓风机等对于系统调速性能要求不高的场合，并且具有体积小、价格低等优势。 |

| | 高性能的多功能通用变频器 | → | 这种变频器在设计过程中充分考虑了在变频器应用中可能出现的各种需要，并为满足这些需要在系统软件和硬件方面都做了相应的准备。在使用时，用户可以根据负载特性选择算法并对变频器的各种参数进行设定，也可以选择厂家所提供的各种备用选件来满足系统的特殊需要。高性能的多功能通用变频器除了可以应用于简易型通用变频器的所有应用领域之外，还可以广泛应用于电梯、数控机床和电动车辆等对系统调速性能有较高要求的场合。 |

| 2 | 专用变频器 | → | 专用变频器包括用在超精密机械加工中高速电动机驱动的高频变频器以及大容量、高电压的高压变频器。 |

8.1.2 变频器的基本结构

变频器电路结构主要由整流电路、限流电路、滤波电路、制动电路、逆变电路和检测采样电路部分组成。

驱动电路是将主控电路中CPU产生的六个PWM信号，经光电隔离和放大后，作为逆变电路的换流器件（逆变模块）提供驱动信号。

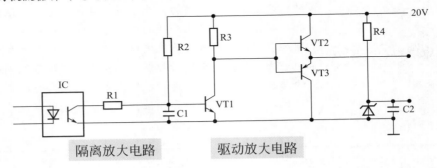

对驱动电路的各种要求，因换流器件的不同而异。同时，一些开发商开发了许多适宜各种换流器件的专用驱动模块。有些品牌、型号的变频器直接采用专用驱动模块。但是，大部分的变频器采用驱动电路。

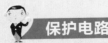

变频器出现异常时，为了降低损失，甚至完全避免损失，每个品牌的变频器都很重视保护功能，都设法增加保护功能，以提高保护功能的有效性。

在变频器保护功能的领域，厂商可谓使尽解数这样就形成了变频器保护电路的多样性和复杂性。有常规的检测保护电路，软件综合保护功能。有些变频器的驱动电路模块、智能功率模块、整流逆变组合模块等内部都具有保护功能。

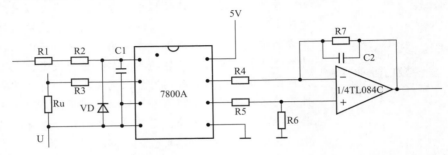

上图所示电路是较典型的过电流检测保护电路。由电流采样、信号隔离放大、信号放大输出三部分组成。

开关电源电路

开关电源电路向操作面板、主控板、驱动电路及风机等电路提供低压电源。

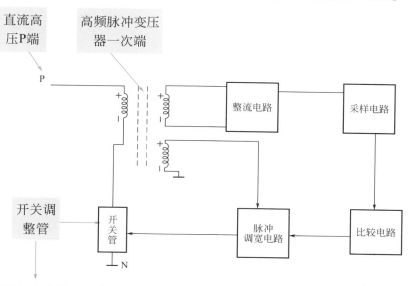

直流高压P端

高频脉冲变压器一次端

开关调整管

开关管周期性地导通、截止，使一次直流电压换成矩形波。由脉冲变压器耦合到二次侧，再经整流滤波后，获得相应的直流输出电压。它又对输出电压采样比较，去控制脉冲调宽电路，以改变脉冲宽度的方式，使输出电压稳定。

主控板上通信电路

当变频器由可编程控制器（PLC）或上位计算机、人机界面等进行控制时，必须通过通信接口相互传递信号。

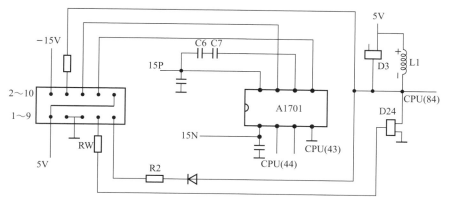

变频器通信时，通常采用两线制的RS485接口。两线分别用于传递和接收信号。变频器在接收到信号后传递信号之前，这两种信号都经过缓冲器A1701、75176B等集成电路，以保证良好的通信效果。所以，变频器主控板上的通信接口电路主要是指这部分电路，还有信号的抗干扰电路。

8.2 三菱FR-S500型变频器简介

8.2.1 三菱FR-S500型变频器的基础

三菱变频器全称为"三菱交流变频调速器"，主要用于三相异步交流电动机，用于控制和调节电动机速度。三菱变频器目前在市场上主要被使用的系列有**FR-D700**系列紧凑型多功能变频器、**FR-E700**系列经济型高性能变频器和**FR-A740**系列高性能矢量变频器等，本书以三菱**FR-S500**系列变频器为例。

FR-S500系列变频器外形

FR-S500系列变频器功率范围

1	0.4～3.7kW(三相380V,FR-S540系列)
2	0.2～1.5kW(单相220V，FRS52US系列)

FR-S500系列变频器特点

1	自动转矩提升，实现6Hz或150%转矩输出。
2	数字式拨盘，设定简单快捷。
3	柔性PWM，实现更低噪声运行。
4	15段速，PID，4～20mA输入和漏、源型转换等多项功能。
5	可提供RS485通信功能的机型FR-S520S-K-R(可通过电缆接FR-PU04面板)及FRS540-K-CHR(可通过电缆接FRPA02-02面板)。

>> 特殊提示

功率因数（Power Factor）的大小与电路的负荷性质有关，如白炽灯泡、电阻炉等电阻负荷的功率因数为1，一般具有电感性负载的电路功率因数都小于1。功率因数是电力系统的一个重要的技术数据。

8.2.2　三菱FR−S500型变频器端子图及其说明

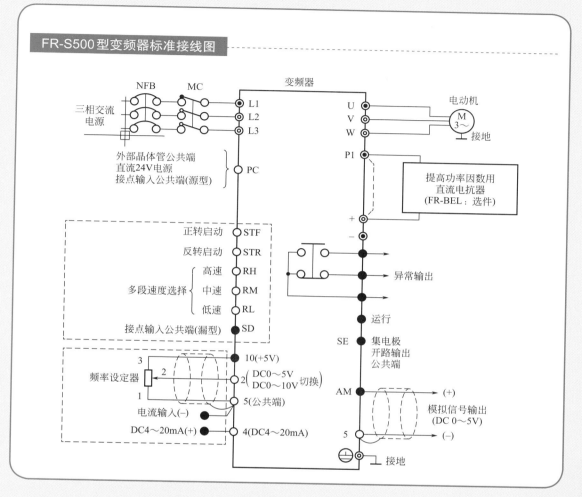

FR-S500型变频器标准接线图

输入、输出端子规格说明

主回路端子说明

端子符号	端子名称	端子说明
L1，L2，L3	电源输入	连接工频电源
U，V，W	变频器输出	连接三相电动机
—	直流电压公共端	此端子为直流电压公共端子
PE	接地	变频器外壳接地用，必须接地

端子符号			端子名称	内容说明
输入信号	接点输入	STF	正转启动	STF信号ON时为正转指令，OFF时为停止指令
		STR	反转启动	STR信号ON时为反转指令，OFF时为停止指令
		RH，RM，RL	多段速度选择	可根据端子RH、RM、RL信号的短路组合进行多段速度的选择
		SD	接点输入公共端（漏型）	此为接点输入（端子STF、STR、RH、RM、RL）的公共端子。端子5和端子SE被绝缘
		PC	外部晶体管公共端 DC24V电源接点输入公共端（源型）	当连接可编程控制器（PLC）之类的晶体管输出（集电极开路输出）时，把晶体管输出用的外部电源接头连接到这个端子，可防止因回流电流引起的误动作
		10	频率设定用电源	DC5V，容许负荷电流为1mA
	频率设定	2	频率设定（电压信号）	输入DC0～5V、DC0～10V时，输出成比例：输入5V（10V）时，输出为最高频率。5V/10V切换用Pr.73"0～5V，0～10V选择"进行。输入阻抗10kΩ，最大容许输入电压为20V
		4	频率设定（电流信号）	输入DC4～20mA。出厂时调整为4mA对应0Hz，20mA对应60Hz。最大容许输入电流为30mA。输入阻抗约250Ω。电流输入时，应把信号AU设定为ON。AU信号用Pr.60～Pr.63（输入端子功能选择）设定
		5	频率设定公共输入端	此端子为频率设定信号（端子2、4）及显示计端子"AM"的公共端子。端子SD和端子SE被绝缘，勿接地
输出信号		A B C	报警输出	AC230V/0.3A，DC30V/0.3A。报警时BC之间不导通（AC之间导通），正常时BC之间导通（AC之间不导通）
		SE	集电极开路公共端	变频器运行时端子RUN的公共端子。端子5和端子SD被绝缘
		AM	模拟信号输出	从输出频率和电动机电流中选择一种作为输出。输出信号与各监视项目的大小成比例

8.2.3　三菱FR-S500型变频器面板操作方法

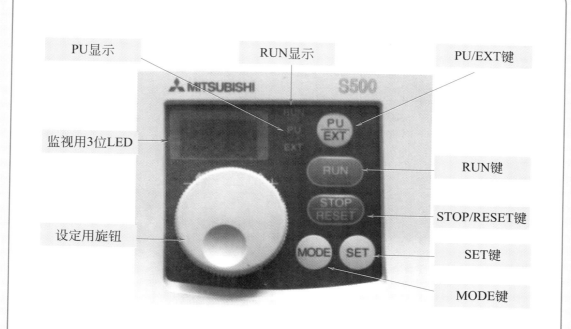

PU显示　　RUN显示　　PU/EXT键

监视用3位LED

设定用旋钮

RUN键

STOP/RESET键

SET键

MODE键

面板按钮含义解释

PU显示	⟶	PU操作模式时点亮。
设定用旋钮	⟶	变更频率设定、参数的设定值时使用。
监视用3位LED	⟶	频率、参数序号等。
RUN显示	⟶	运行时点亮/闪灭。
PU/EXT键	⟶	切换PU/外部操作模式(组合模式用Pr.79变更)。
RUN键	⟶	运行指令正转、反转用Pr.17设定。
STOP/RESET键	⟶	进行运行的停止,报警的复位。
SET键	⟶	确定各设定值。
MODE键	⟶	模式的选择开关。

1   接通电源时监视器的显示如下图所示。

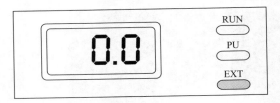

2   按 $\dfrac{PU}{EXT}$ 键，设定为PU操作模式，直到PU灯亮。

3   用设定用按钮设定频率，旋转按钮到30。

闪烁5s

4   在数字闪烁期间按 SET 键，设定频率。如果闪烁期间不按 SET 键，闪烁5s后，显示又回到0.0(显示器初始显示)。此时再回到步骤3重新操作。

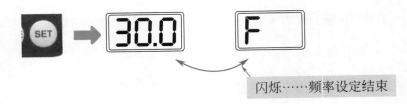

闪烁……频率设定结束

5 　约闪烁3s后，显示回到0.0(显示器初始显示)。按RUN键运行。

3s后　　　　　　　按运行键后

6 　改变设定频率时，应进行上述步骤3、4的操作。

7 　按 键，停止。

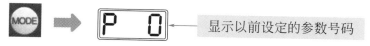

 参数设定（把Pr.7的设定值从"5s"改为"10s"）

1 　先停止，启动PU操作模式，即按 键。

0.0 ◄── 屏幕显示

2 　按 键，进入参数设定模式如下所示。

P 0 ◄── 显示以前设定的参数号码

3 　用旋转钮选择参数号码如下。

 P 7

| 4 | 按  键读出现在设定的参数值，例如显示设置为5。 |

| 5 | 拨动旋转按钮，改变为期望值，例如将设定值5改为10。 |

| 6 | 按 SET 键，参数设定完成。 |

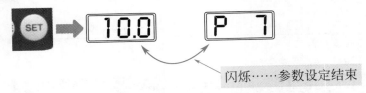

闪烁……参数设定结束

8.2.4 正转运行电路识图

首先将正转接线端STF和公共端SD连接起来，然后合上开关接通电源，电动机则开始正转运行。如果要让电动机停止则只需按下操作面板上的停止/复位键，变频器就会从设定频率下降到0Hz。

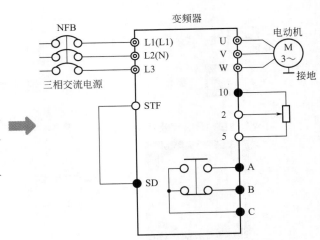

8.2.5 旋转按钮开关控制的正转电路识图

旋转按钮开关控制的正转运行电路

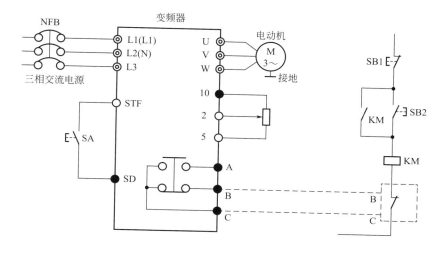

在正转接线端STF和公共端SD间接入旋转开关SA，由SA来控制电动机的启动和停止。

继电器控制的正转电路

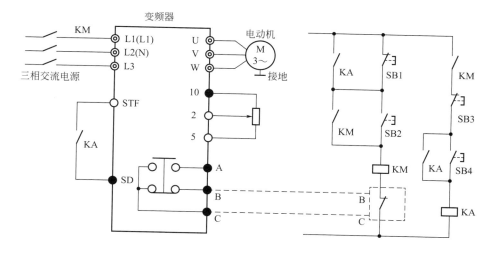

电动机的启动与停止是由继电器KA完成的。在接触器KM未吸合前，继电器KA是不能接通的，从而防止了先接通KA的误动作。当KA接通时，按钮SB1失去作用保证了只有电动机先停机的情况下，才能切断变频器电源。

8.3 通用变频器控制电路识图

8.3.1 通用变频器主电路识图

通用变频器是相对于专用变频器而言的，它的使用范围广泛，是所有中小型交流异步电动机都能使用的变频调速器。专用变频器品种虽多，但多由通用变频器增加功能演变而成。若掌握了通用变频器，一通百通，其他变频器的安装、操作、使用和维护保养也就易如反掌了。

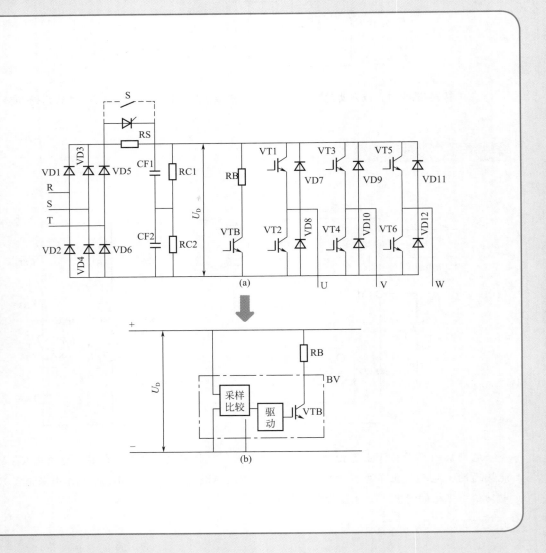

| 1 | 三相桥式
整流电路 | ➡ | 三相桥式整流电路又称全波整流电路，在中小容量变频器中通常采用此电路。VD1～VD6通常采用电力整流二极管或整流模块。R、S、T（即L1、L2、L3或A、B、C）为电源输入端。 |

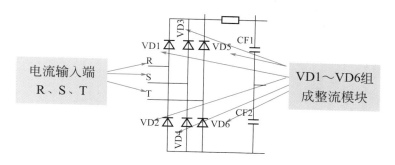

| 2 | 滤波电路 | ➡ | 滤波电路通常用若干只电容并联成CF1以增大容量后，再串联相同容量的电容CF2组合而成。 |

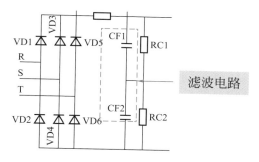

由于CF1、CF2采用的是电解电容，具有较大的离散性，所以CF1≠CF2，使其所承受的电压值也不完全相等。为了解决这个问题，在CF1和CF2旁各并联一只阻值相当的均压电阻器RC1和RC2。

| 3 | 限流电路 | ➡ | 限流电路由电阻器RS和开关S并联构成。 |

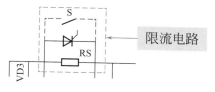

变频器在接入电源之前，滤波电容CF上的直流电压 $U_D=0$，因此在变频器通电瞬间，会有一个很大的冲击电流经三相桥式整流器加至CF两端，使VD1～VD6有可能损坏；与此同时，还可能使电源造成瞬间电压下降明显，形成干扰信号。而设置RS，则削弱了该冲击电流。

逆变电路由电力电子器件VT1～VT6构成，常称"逆变桥"。它们接受控制电路中SPWM调制信号的"命令"（控制），将直流电逆变成三相交流电，再由U、V、W三个输出端输出，供给交流异步电动机。

4　逆变电路　➡

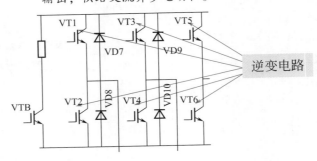

5　续流电路　➡ VD7～VD12构成续流电路，其作用有以下三点。

为三相交流异步电动机绕组无功电流返回直流电路提供了通路。

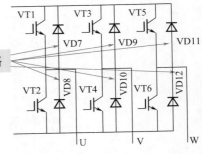

当频率下降引起电动机同步转速下降时，VD7～VD12为绕组的再生电能反馈至直流电路提供续流。

为电路的寄生电感在逆变过程中释放能量提供续流通路。

6　能耗制动电路　➡ 由制动电阻RB和制动部件BV组成。

BV可以在直流回路电压U_D超过规定的限值时，接通耗能电路，使直流回路经过RB释放能量。VTB是电力功率管，用于接通或关断能耗电路。"采样比较"即为电压采样与比较电路，这是由于VTB的"驱动"电路是低压电路，只能按比例取出U_D的一部分作为采样电压，并与基准电压进行比较，加至VTB的基极从而实现控制目的。

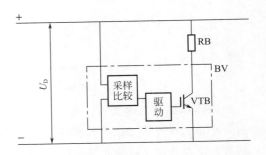

快学巧学 电工识图

8.3.2　通用变频器的常用外围设备

所谓外围电路实质是外部接线。外部接线所需的元器件或被称之为"外围设备"。

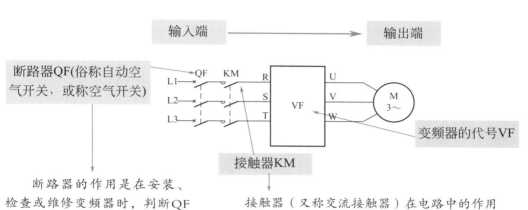

输入端　　　　　　　　　→　　　　输出端

断路器QF(俗称自动空气开关，或称空气开关)

接触器KM

变频器的代号VF

　　断路器的作用是在安装、检查或维修变频器时，判断QF即能使VF与电源L1～L3隔离。此外，QF有短路等自动跳闸保护功能。

　　接触器（又称交流接触器）在电路中的作用主要是便于操作，当变频器发生故障时，能迅速切断变频器的电源。

| 1 | 输入端 | ⇒ |

　　左边为输入电路（即电源端），通常应接断路器QF和接触器KM。

| 2 | 输出端 | ⇒ |

　　图右为变频器输出端的接线。在绝大多数的情况下，变频器的输出端应直接接至电动机。在输出端接线时，应注意如下事项。

　　VF与M之间不允许接入接触器，这样能杜绝电动机在某一频率下直接启动，引起过电流。

　　VF与M之间不需要再接热继电器，因为VF已具有热保护功能。

　　如果用一台变频器启动多台电动机，则每台电动机均可串接热继电器。

　　变频器的输出端不允许接电容，不允许用电容器滤波，也不允许接电容式单相电动机。

　　电动机M为普通三相交流电动机。

8.3.3　通用变频器的常用配套设备

变频器配套设备又称外围设备、选用设备。它在变频器的工作中起着举足轻重的作用，其外围设备如果全部选用，接线如下图所示。

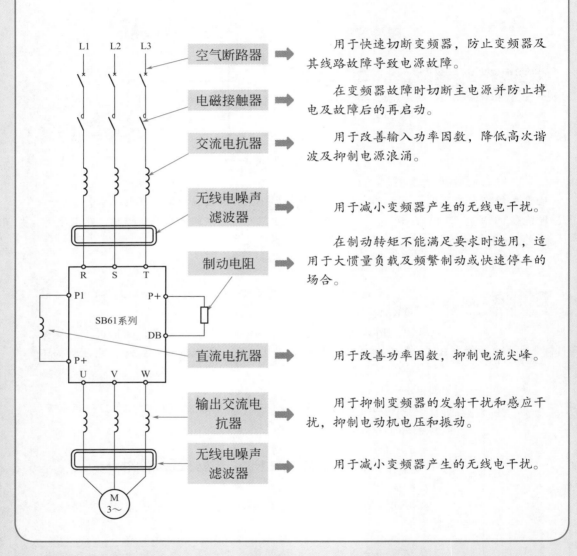

空气断路器 ➡ 用于快速切断变频器，防止变频器及其线路故障导致电源故障。

电磁接触器 ➡ 在变频器故障时切断主电源并防止掉电及故障后的再启动。

交流电抗器 ➡ 用于改善输入功率因数，降低高次谐波及抑制电源浪涌。

无线电噪声滤波器 ➡ 用于减小变频器产生的无线电干扰。

制动电阻 ➡ 在制动转矩不能满足要求时选用，适用于大惯量负载及频繁制动或快速停车的场合。

直流电抗器 ➡ 用于改善功率因数，抑制电流尖峰。

输出交流电抗器 ➡ 用于抑制变频器的发射干扰和感应干扰，抑制电动机电压和振动。

无线电噪声滤波器 ➡ 用于减小变频器产生的无线电干扰。

>> 特殊提示 ---

外围设备可根据实际需要选择，但是空气断路器、电动机等一般是必备的。

8.3.4 通用变频器控制电路识图

目前，国内外生产变频器的厂家颇多，虽然不同品牌变频器的控制电路各具特色，但是大体一致。

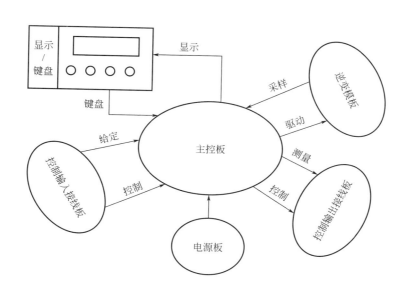

1 电源板 ➡ 电源为控制电路的"后勤供给部长"，电源出现了问题，变频器就无法工作。电源板主要提供主控板的电源和驱动电源。主控板需要电源稳定性好、抗干扰能力强；驱动电源因为逆变模块处于直流高压电路中，又分属于三相输出电路中不同的相，所以驱动电源必须和主控板电源之间可靠隔离，各驱动电源之间必须可靠绝缘。

2 主控板 ➡ 主控板是变频器"司令官"，是控制中心。它的主要功能是接收键盘输入的信号，接收外接控制电路输入的各种信息，处理主控板内部的采样信号（如主电路中的电压、电流采样信号、各部分温度的采样信号、各逆变管工作状态的采样信号等）。

另外，主控板负责SPWM调制，并分配给各逆变管的驱动电路；还要发出显示信号，向显示板和显示屏发出各种显示信号；发出保护指令，根据各种采样信号，随时判断工作是否正常，一旦发现异常状况，立即发出保护指令进行保护；此外，主控板还得向外电路提供控制信号和显示信号，如正常运行信号、频率到达信号、故障信号等。

| 3 | 显示/键盘简称 "键盘" | → | 有的产品把它称为数字式操作器，简称"操作器"；还有称为"操作面板"。但不管哪种，其作用是向主控板发出各种指令或信号，而显示的则是提供各种数据，将这两者组合在一起，可以方便地实现人机对话。在8.2节中介绍了三菱变频器的键盘，此处以安川F7变频器的显示/键盘为例给予说明。 |

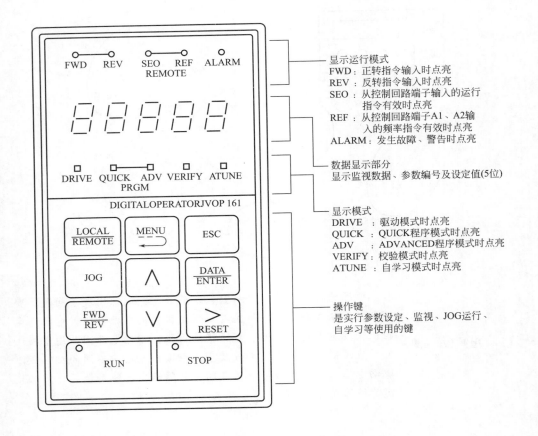

显示运行模式
FWD：正转指令输入时点亮
REV：反转指令输入时点亮
SEO：从控制回路端子输入的运行指令有效时点亮
REF：从控制回路端子A1、A2输入的频率指令有效时点亮
ALARM：发生故障、警告时点亮

数据显示部分
显示监视数据、参数编号及设定值(5位)

显示模式
DRIVE：驱动模式时点亮
QUICK：QUICK程序模式时点亮
ADV：ADVANCED程序模式时点亮
VERIFY：校验模式时点亮
ATUNE：自学习模式时点亮

操作键
是实行参数设定、监视、JOG运行、自学习等使用的键

键	文章中键的名称	功能
LOCAL REMOTE	LOCAL/REMOTE（运行操作选择）	切换用数字操作器控制运行（LOCAL）和控制回路端子控制运行（REMOTE）时，应按此键
MENU	MENU（菜单）	设置各种参数

键	文章中键的名称	功能
∨	减少键	选择方式、组、功能、参数的名称以及设定值（减少）等时应按此键
DATA ENTER	DATA/ENTER（数据/输入）	决定各方式、功能、参数、设定值时，应按此键
• RUN	RUN（运行键）	用操作器运行时按下此键，变频器开始运行
• STOP	STOP（停止键）	用操作器运行场合时按下此键，变频器便停止
> RESET	SHIFT/RESET（移位/复位）	参数的数值设定时的数位选择键 故障发生时作为故障复位键使用
∧	增加键	选择方式、组、功能、参数的名称以及设定值（增加）等时应按此键
ESC	ESC（退回）	按ESC键，则回到前一个状态
JOG	JOG（点动）	在操作器运行场合的点动运行键
FWD REV	FWD/REV（正转/反转）	在操作器运行场合，切换旋转方向键

外围设备可根据实际需要选择，但是空气断路器、电动机等一般是必备的，但都是帮助用户完成人机交互的工具。因在8.2节中详细讲到一些参数、频率的设置，此处不再讲述安川系列键盘的设置。读者若有需要，可参照该产品使用说明书。

8.3.5 通用变频器的外接控制电路识图

电动机变频器外接控制电路包括外接给定电路（又称"模拟输入"）、外接输入控制电路（"控制信号"输入）、外接输出电路（"输出信号"端）、数据通信电路四部分。

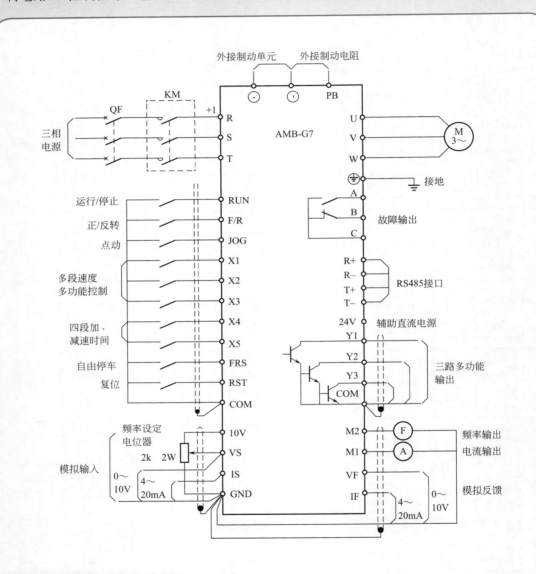

外接给定电路（模拟输入端）

依据外接给定信号种类的不同，外接给定电路一般配置有如下端口。

1	外控电源 正端	▶	为了便于利用外接电位器取出电压给定信号，变频器可提供外控电源，一般为+10V。

| 2 | 电压信号
给定端 | ➡ | VS参考设定电压输入端，通过调整电位器，由中抽头注入0～10V电压；此外，还有VF反馈电压信号输入端，它是模拟反馈电压信号0～10V。也有用FSV表示。 |

| 3 | 电流信号
给定端 | ➡ | 电流信号给定端（参考设定电流输入端），常用LS或FSI表示。参考设定电流一般为1～20mA。此外，还有反馈电流信号输入端，用IF表示，输入电流为4～20mA。 |

| 4 | 辅助信号
给定端 | ➡ | 辅助信号给定端，常用"AUX"表示，用于引入反馈信号。 |

外接输入控制电路（控制信号输入端）

| 1 | 远行控
制端 | ➡ | 主要有正转(FWD)、反转(REV)、运行(RUN)、停止(STOP)、自由制动(FS)、点动(JOC)等。在控制端子上有运行/停止开关，即合上开关则运行，关断则停止；F/R表示正/反，即开关断开为正转，合上则反转；JOG表示点动，一般采用按钮开关，按下电动机动，松开则停止。此种操作则为点动，又称寸动。 |

| 2 | 多挡频率
控制端 | ➡ | 变频器可以通过若干个开关的不同组合，以设定多挡工作频率。常见用三个开关接于X1、X2、X3端。开关的另一端连接在一起与公共端COM（或记CM）短接有效。X1、X2、X3可编程为七段速度，X1、X2可编程为步进控制，X3可编程电压、电流输入切换。各开关的状态与升、降速时间挡次间的对应关系如下表所示。 |

转速挡次	0	1	2	3	4	5	6	7
X1 的状态	0	1	0	1	0	1	0	1
X2 的状态	0	0	1	1	0	0	1	1
X3 的状态	0	0	0	0	1	1	1	1

| 3 | 加减速度
指令输入
端 | ➡ | 图中的X4、X5是电动加减速时间指令信号输入端，它们中任意一个或两个开关与COM端子短接均有效。可以提供四种加、减时间，可在运行过程中改变。X4、X5的状态加减速度时间挡次的对应关系如下表所示。 |

加减速挡次	0	1	2	3
X4 的状态	0	1	0	0
X5 的状态	0	0	1	0

4	自由停止指令输入端	→	此端符号为FRS，与它连接的开关与公共端COM短接有效，电动机立即停车，但因惯性作用仍然旋转，逐步减速，最终完全停止，这称为自由停车指令。
5	复位端	→	复位端，也称系统复位端，常用RST表示。
6	其他功能控制端	→	有些变频器还设有紧急停机(EMS)、外接保护(THR)等输入端。

数据通信电路（通信接口端）

种类	端子标号	端子名称	端子功能	种类	端子标号	端子名称	端子功能
模拟输入	10V/18	固定偏压信号	+10V	输出信号	COM/8	控制指令、输出信号共同点	
	VS/23	参考设定电压输入正端	0～10V		COM/13		
	VF/24	反馈电压信号输入正端	0～10V		COM/17		
	IS/26	参考设定电流输入正端	4～20mA		24V/4	辅助电源正端	与COM之间可输出DC24V/100mA
	IF/27	反馈电流信号输入正端	4～20mA		Y1/7	多功能输出	三路可编程集电极开路输出每路最大输出为DC24V/50mA
	GND/25	参考设定信号共同点			Y2/6		
控制信号	RUN/12	运转指令（端子控制时）	与COM短接运行，断开为停止		Y3/5		
	F/R/11	正/反转指令	与COM短接反转，断开为正转		A/1	故障继电器输出端子	异常时A-C闭B-C开
	JOG/9	点动指令	未运行时，与COM端子短接有效 点动频率为多段速度2 点动加速时间为加速时间2 点动减速时间为减速时间2		B/2		
	X1/20	多段速度、多功能指令与COM端子短接有效	X1、X2、X3可编程为七段速度 X1、X2可编程为步进控制 X3为可编程电压、电流输入切换		C/3		
	X2/19				M1/22	电流表输出接点	M1与GND之间最大可输出DC10V/10mA
	X3/18				M2/21	频率表输出接点	M2与GND之间最大可输出DC10V/10mA
	X4/16	加减速时间指令与COM端子短接有效	提供四种加、减速时间，可在运行过程中改变	数据通信	R+	RS485接口	可按所提供的通信格式进行串行通信
	X5/15				R−		
	FRS/10	自由停车指令	与COM短接有效		T+		
	RST/14	系统复位	与COM短接有效		T−		

注：端子标号即为端子符号/端子排号码，如VS/23为参数设定电压/23号端子。

快学巧学 电工识图

第9章

家用电器控制系统电气图识图 ◂◂◂

9.1 电磁炉控制电路图识图

9.2 电动车控制器电路图识图

9.3 空调控制电路图识图

9.1 电磁炉控制电路图识图

9.1.1 美的C19-SH1982型电磁炉的主板电路识图

美的C19-SH1982型电磁炉由主板（型号为TM-S1-01A）、控制板（型号为D-SH1982）、外壳和风扇等组成。主板由市电电路、低电压电源电路、主回路（LC谐振回路）、驱动电路、操作及控制电路、检测电路、保护电路等组成。控制板主要由显示器、LED灯、按键以及专用显示驱动集成电路（SM1668）等组成。

 美的C19-SH1982型电磁炉主板实物功能

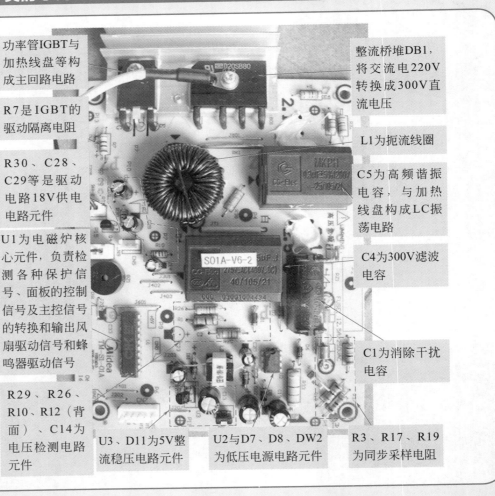

功率管IGBT与加热线盘等构成主回路电路

R7是IGBT的驱动隔离电阻

R30、C28、C29等是驱动电路18V供电电路元件

U1为电磁炉核心元件，负责检测各种保护信号、面板的控制信号及主控信号的转换和输出风扇驱动信号和蜂鸣器驱动信号

R29、R26、R10、R12（背面）、C14为电压检测电路元件

U3、D11为5V整流稳压电路元件

U2与D7、D8、DW2为低压电源电路元件

整流桥堆DB1，将交流电220V转换成300V直流电压

L1为扼流线圈

C5为高频谐振电容，与加热线盘构成LC振荡电路

C4为300V滤波电容

C1为消除干扰电容

R3、R17、R19为同步采样电阻

快学巧学 电工识图

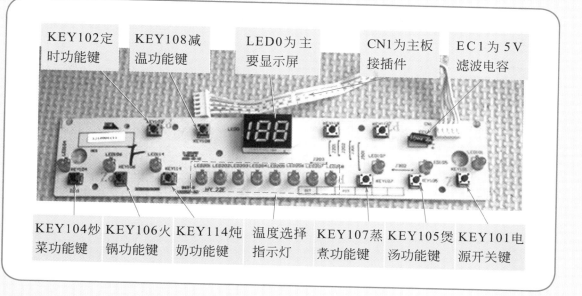

KEY102定时功能键

KEY108减温功能键

LED0为主要显示屏

CN1为主板接插件

EC1为5V滤波电容

KEY104炒菜功能键

KEY106火锅功能键

KEY114炖奶功能键

温度选择指示灯

KEY107蒸煮功能键

KEY105煲汤功能键

KEY101电源开关键

9.1.2 单元电路识图

市电输入电路

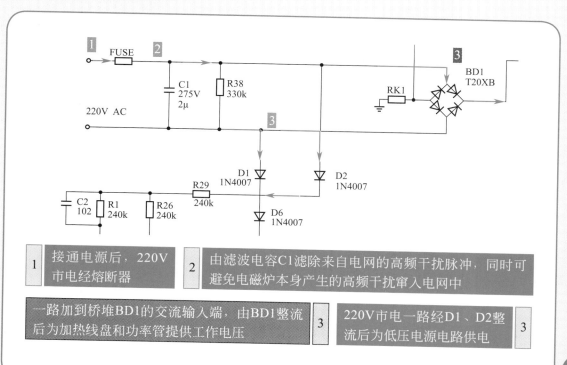

1	接通电源后，220V市电经熔断器

2	由滤波电容C1滤除来自电网的高频干扰脉冲，同时可避免电磁炉本身产生的高频干扰窜入电网中

3	一路加到桥堆BD1的交流输入端，由BD1整流后为加热线盘和功率管提供工作电压

3	220V市电一路经D1、D2整流后为低压电源电路供电

LC 振荡电路

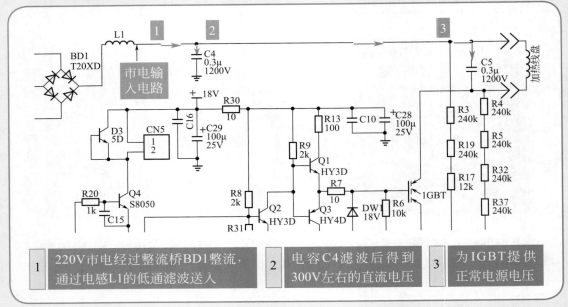

1 220V市电经过整流桥BD1整流，通过电感L1的低通滤波送入	**2** 电容C4滤波后得到300V左右的直流电压	**3** 为IGBT提供正常电源电压

低电压电源电路

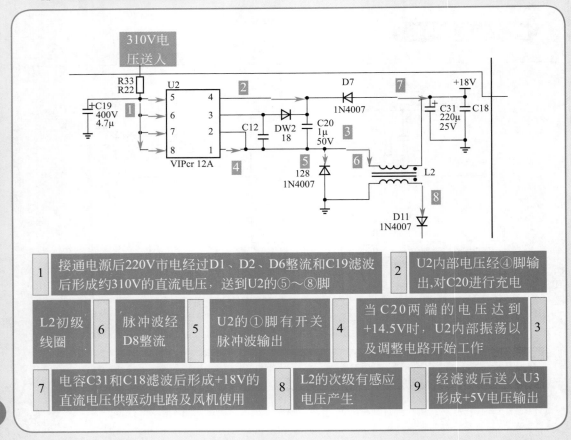

1 接通电源后220V市电经过D1、D2、D6整流和C19滤波后形成约310V的直流电压，送到U2的⑤~⑧脚		**2** U2内部电压经④脚输出,对C20进行充电

L2初级线圈	**6**	脉冲波经D8整流	**5**	U2的①脚有开关脉冲波输出	**4** 当C20两端的电压达到+14.5V时，U2内部振荡以及调整电路开始工作 **3**

7 电容C31和C18滤波后形成+18V的直流电压供驱动电路及风机使用	**8** L2的次级有感应电压产生	**9** 经滤波后送入U3形成+5V电压输出

182

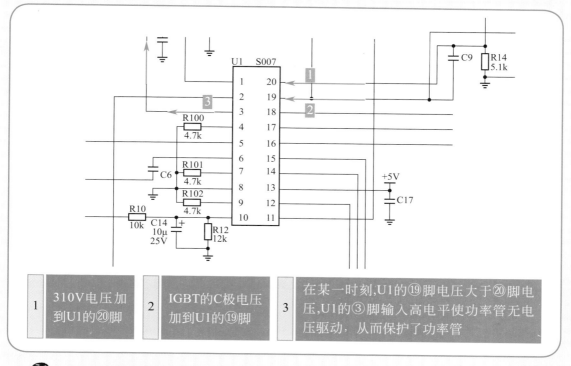

| 1 | 310V电压加到U1的⑳脚 | 2 | IGBT的C极电压加到U1的⑲脚 | 3 | 在某一时刻,U1的⑲脚电压大于⑳脚电压,U1的③脚输入高电平使功率管无电压驱动,从而保护了功率管 |

 驱动输出电路

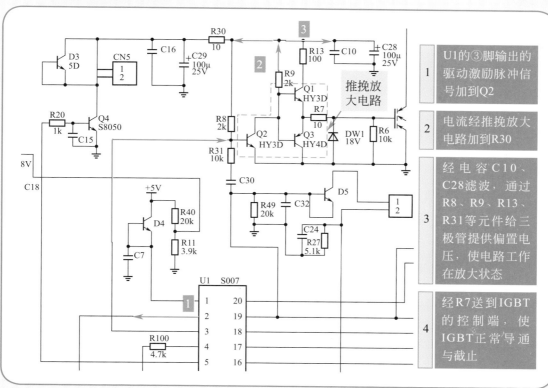

1	U1的③脚输出的驱动激励脉冲信号加到Q2
2	电流经推挽放大电路加到R30
3	经电容C10、C28滤波,通过R8、R9、R13、R31等元件给三极管提供偏置电压,使电路工作在放大状态
4	经R7送到IGBT的控制端,使IGBT正常导通与截止

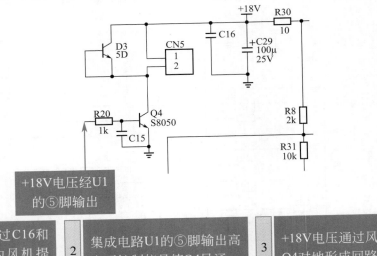

+18V电压经U1
的⑤脚输出

1	+18V电压经过C16和C29滤波后为风机提供电源电压	2	集成电路U1的⑤脚输出高电平控制信号使Q4导通	3	+18V电压通过风扇、Q4对地形成回路

当按下关机按钮时，CPU仍然输出高电平使风扇转动，待电磁炉充分散热后，集成电路U1才输出低电平，Q4截止，使风扇停止转动。D3为风扇产生的高电压脉冲吸收回路元件。

 控制板电路及其他

控制板电路 ·····································

IC1是专用显示驱动电路，内部集成了MCU内核，其通过①、②、③脚与CPU的②、⑭、⑮连接，实现数据通信，这样可节省CPU的端口资源；同时，一些数据处理也可以由IC1进行，又节省大量的集成电路U1程序代码。IC1接收到U1的数据后进行显示驱动，同时把键盘信号处理编码后送给集成电路U1进行相应动作与处理。

报警电路 ·····································

当电磁炉集成电路U1检测到异常或保护电路启动时，由U1的⑥脚输出一定的脉冲信号经过C6隔直耦合后驱动BZ1发出报警声音，同时通过控制板显示器显示故障代码。

市电检测电路 ·····································

由R29、R26、R10、C14、R12等元件组成市电检测电路参见本章第一张图。220V市电经过D1、D2整流，R29、R26、R10串联后与R12串联分压后得到采样电压，该采样电压经过C14滤波后送到U1的⑩脚。当市电电压过高或过低时，采样电压会相应地上升或下降。通过U1内部的A/D转换电路对信号进行处理，当采样电压高于或低于设定值时，U1均会停止输出驱动激励脉冲信号，使电磁炉停止工作。

9.2 电动车控制器电路图识图

9.2.1 有刷控制器电路识图

有刷控制器用于控制有刷电动机，由SA3525A和LM358组成。

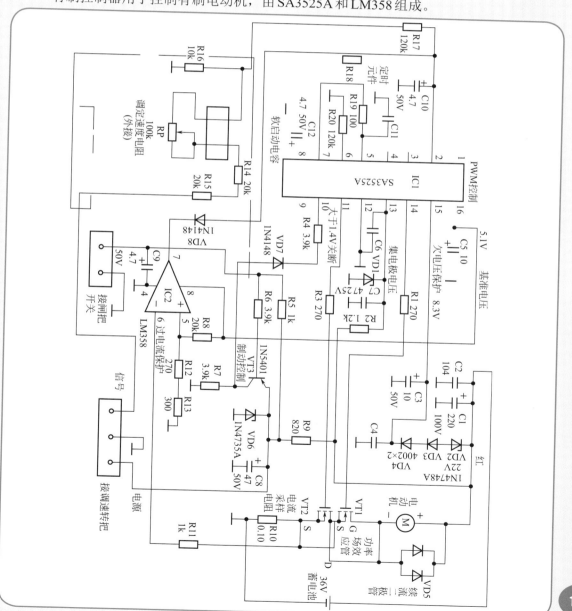

信号电路工作的电压产生

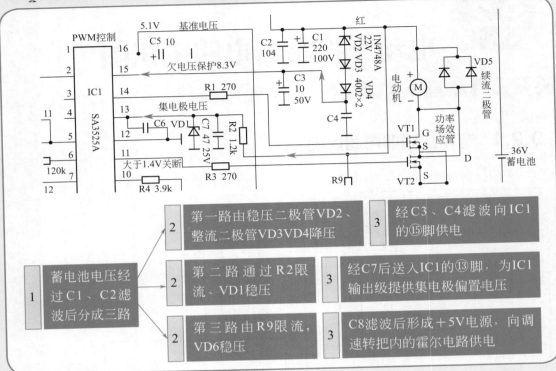

1	蓄电池电压经过C1、C2滤波后分成三路	→	2	第一路由稳压二极管VD2、整流二极管VD3VD4降压		3	经C3、C4滤波向IC1的⑮脚供电
			2	第二路通过R2限流、VD1稳压		3	经C7后送入IC1的⑬脚，为IC1输出级提供集电极偏置电压
			2	第三路由R9限流，VD6稳压		3	C8滤波后形成＋5V电源，向调速转把内的霍尔电路供电

激励脉冲信号形成及信号放大电路

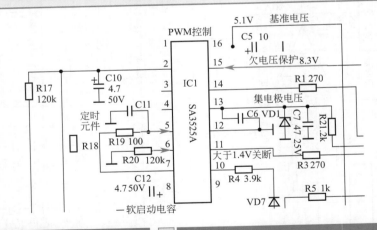

1	IC1的⑮脚得到供电后,基准电压产生电路产生5.1V基准电压	2	IC1的⑤脚、⑥脚外接定时元件R20、C11，IC1内部的振荡器开始振荡并产生锯齿波脉冲信号

    锯齿波脉冲信号由PWM调制器将其同误差放大器送来的直流电平进行调制产生PWM矩形脉冲信号，再经过触发器触发形成两个相位相差180°的激励脉冲信号，并分别由输出级电路推动放大后从IC1的⑪脚和⑭脚输出。

电动机驱动电路

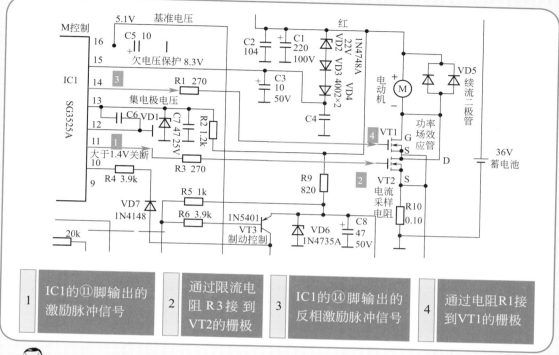

| 1 | IC1的⑪脚输出的激励脉冲信号 | 2 | 通过限流电阻R3接到VT2的栅极 | 3 | IC1的⑭脚输出的反相激励脉冲信号 | 4 | 通过电阻R1接到VT1的栅极 |

调速控制电路

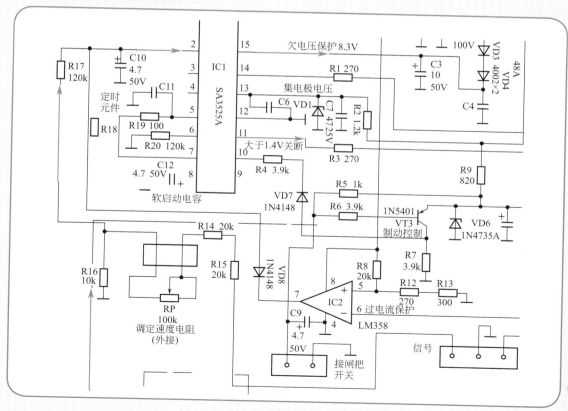

1	转动调速把，当该直流控制电压由低变高时，通过外围元件加到IC1的②脚	2	经过IC1内部误差放大器放大PWM调制器并使产生的PWM脉冲信号占空比增大
3	IC1的11脚、14脚输出的激励脉冲信号也随之加大，使VT1、VT2的导通时间延长	4	电动机绕组内流过的电流增大，电动机转速提高

1	当调速把内的霍尔电路产生的直流控制电压由高降低时	2	IC1的②脚电压降低，输出的激励脉冲信号占空比减小	3	VT1、VT2的导通时间缩短，电动机转速降低

 制动控制系统电路

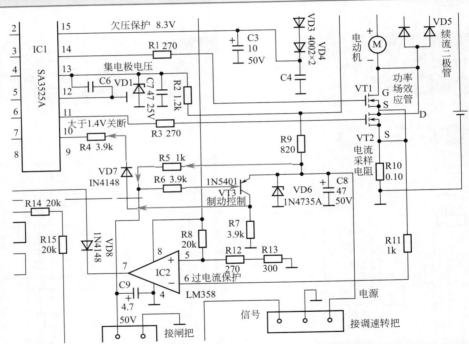

1	IC1的⑩脚电压大于1.4V时，关闭PWM脉冲信号输出	2	正常状态时，VT3基极由上偏置电阻R5和限流电阻R6供电，基极电压等同于发射极电压，使VT3截止

3	R7上端无电压产生时，VD7截止,IC1的⑩脚电压低于1.4V	4	当握下闸把时，闸把开关导通	5	导通电流在R7两端产生上正下负的电压

　　该电压使VD7导通，并通电阻R4加到IC1的⑩脚并使其电压上升到1.4V以上。这时，IC1的⑩脚内部电路动作，关闭PWM激励脉冲输出，功率场效应管VT1、VT2截止，电动机停止转动。

快学巧学

电工识图

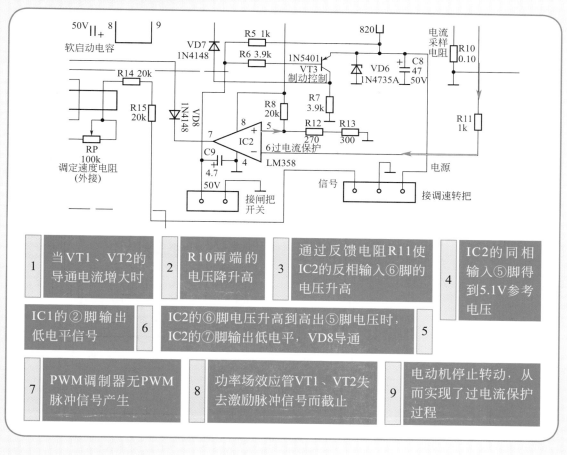

1	当VT1、VT2的导通电流增大时	2	R10两端的电压降升高	3	通过反馈电阻R11使IC2的反相输入⑥脚的电压升高	4	IC2的同相输入⑤脚得到5.1V参考电压

IC1的②脚输出低电平信号	6	IC2的⑥脚电压升高到高出⑤脚电压时，IC2的⑦脚输出低电平，VD8导通	5

7	PWM调制器无PWM脉冲信号产生	8	功率场效应管VT1、VT2失去激励脉冲信号而截止	9	电动机停止转动，从而实现了过电流保护过程

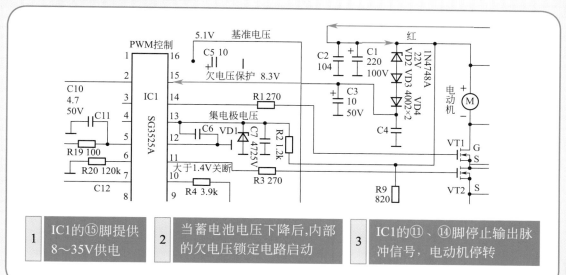

1	IC1的⑮脚提供8～35V供电	2	当蓄电池电压下降后,内部的欠电压锁定电路启动	3	IC1的⑪、⑭脚停止输出脉冲信号，电动机停转

9.2.2 无刷控制器电路识图

无刷控制器用于控制无刷电动机，LB11820S和IR2103组成的无刷控制器电路。

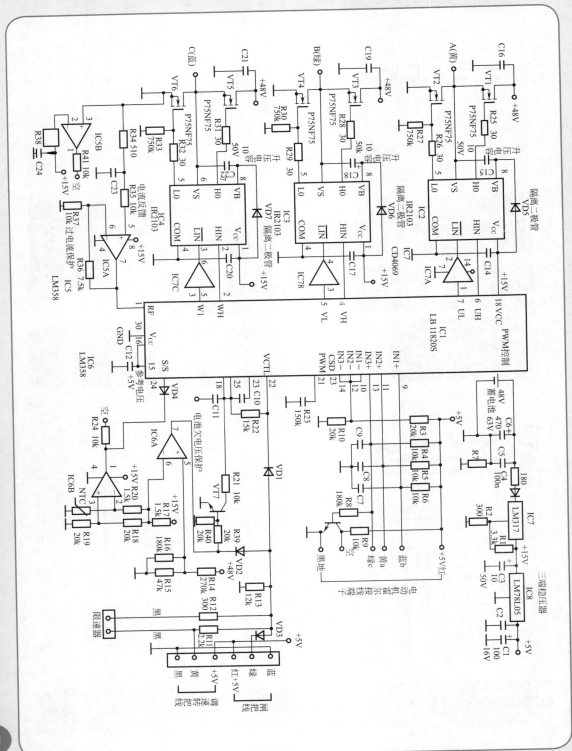

+15V、+5V电压形成电路

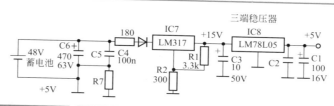

1	蓄电池的48V电压经过C6、C5滤波	2	通过180Ω限流电阻加到IC7的输入端③脚	3	R1和R2向IC7的调整端①脚提供偏置电压
	IC8的③脚输出+5V电压	6	+15V电压再由C3滤波后送到IC8的输入端①脚	5	IC7的②脚输出+15V电压供给IC1～IC6

7	经C1、C2滤波后向电动机内部的霍尔电路和调速转把内的霍尔电路供电

激励脉冲信号形成电路

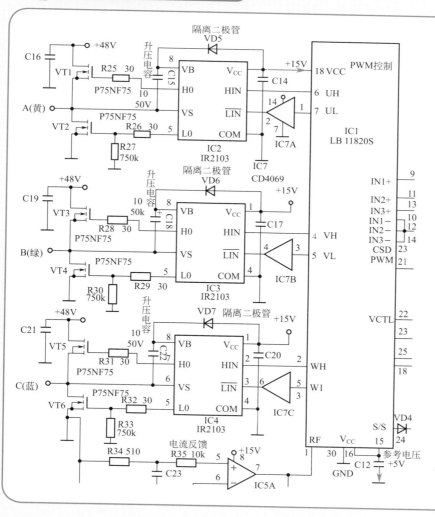

IC1内部的振荡器得到供电后和IC1的㉑脚外接定时电容C13一起开始振荡并产生锯齿波脉冲信号。该锯齿波脉冲信号由IC1内部的PWM调制器处理后产生矩形激励脉冲信号。该激励脉冲信号可分成三路高端激励脉冲和三路低端激励脉冲，并受转子定位解码器控制，来控制IC1的②～⑦脚轮流输出。IC1的②、④、⑥脚输出高端激励脉冲，③、⑤、⑦脚输出低端激励脉冲。

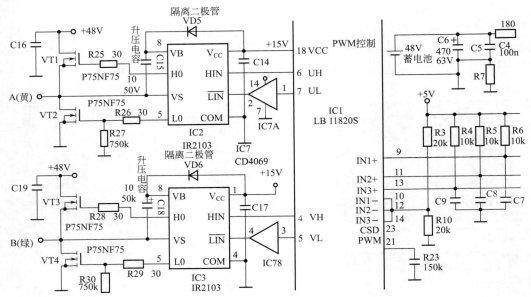

下面以电动机A相绕组的驱动电路为例加以说明。

1	IC2的①脚为电源脚，接+15V电压	2	IC2的④脚接地	3	IC1的⑥脚输出高端激励脉冲信号接到IC2的②脚

	IC2的内部电路对激励脉冲进行放大后由⑦脚输出	5	IC1的⑦脚输出的低端激励脉冲由六非门逻辑电路IC7倒相后输入IC2的③脚	4

6	高端驱动电压经过R25加到功率场效应管VT1栅极，由IC1的⑤脚输出低端驱动电压经R26加到功率场效应管VT2的栅极

7	由于功率场效应管导通时栅极和源极之间要维持10V以上的电压，而VT1导通时源极电压接近于蓄电池组电压，若要使栅极电压高出蓄电池组电压10V以上，必须使用升压电路

8	由于功率场效应管导通时栅极和源极之间要维持10V以上的电压，而VT1导通时源极电压接近于蓄电池组电压，若要使栅极电压高出蓄电池组电压10V以上，必须使用升压电路

9	由隔离二极管VD5和升压电容C15和IC2的内部电路组成自举升压电路	10	无刷电动机的特性决定了电动机转子旋转过程中的任一时刻，其三相绕组只能有两相绕组中通过电流（一相输入，另一相输出）

11	因此在任一时刻都只能有不同臂的一只高端场效应管和一只低端场效应管同时导通	12	IC1的②~⑦脚按此特性轮流输出高、低端激励脉冲，经IC2~IC4放大的电压驱动VT1~VT6交替导通

换相控制电路

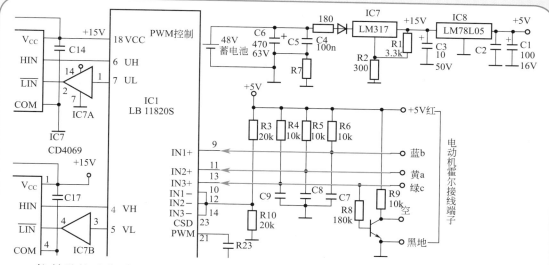

控制器接通电源后，电动机内部的霍尔电路产生三路转子位置传感信号。该信号分别送到IC1的⑨脚、⑪脚、⑬脚。IC1内部的转子位置解码器对三路传感信号进行解码，来控制IC1的②～⑦脚轮流输出对应的高、低端激励脉冲。再由IC2～IC4放大后驱动VT1～VT6交替导通，实现换相控制。

调速控制电路

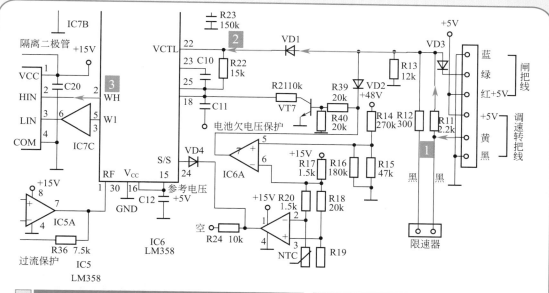

1	在转动调速转把时，转把内的磁钢随着转动，霍尔电路将产生直流控制电压	2	该电压通过R11、VD1使IC1的㉒脚电压升高

3	IC1的②～⑦脚输出的激励脉冲信号经IC2～IC4放大后驱动VT1～VT6的导通时间延长，电动机绕组中流过的电流加大，电动机转速提高，反之亦然

该电路由闸把开关和IC1的㉒脚内部电路组成，由于元件过多，此处不单列出图，如本节综合电路图。

1	当握下闸把时，闸把开关导通	2	调速转把内的霍尔电路产生的直流控制电压经过R11、VD3、闸把开关接地	3	IC1的㉒脚电压接近0V
使VT1~VT6截止。绕组内没有电流通过，电动机停止转动		**IC1的②~⑦脚无激励脉冲信号输出**	**6**	**IC1内部的PWM调制器停止工作**	**5**	**4**

 欠电压保护电路

为避免蓄电池在电量不足时继续放电而损坏，由IC6内部的运算放大器A、控制器VT7、IC1内部电路等构成欠电压保护电路。

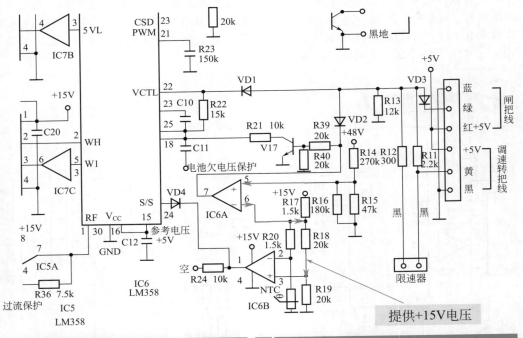

1	蓄电池电压由R14、R15、R16分压采样后加到IC6的同相输入端⑤脚	2	IC6的⑥脚参考电压由R17~R20从＋15V上分压提供

蓄电池电量下降	5	VT7导通使IC1的⑱脚为低电平，控制器正常工作	4	当蓄电池电量充足时，IC6的⑤脚电压高于⑥脚电压，⑦脚输出高电平	3

6	IC6的⑤脚电压低于⑥脚参考电压，⑦脚输出低电平，VT7截止	7	IC1的⑱脚变为高电平，关闭激励脉冲信号输出，于是VT1~VT6截止，电动机停止转动

9.3 空调控制电路图识图

9.3.1 电源电路识图

此例中的海尔KFR-45GW/B型空调器电脑控制电路由电源电路、微处理器电路、制冷控制电路、风扇电路、保护电路等构成。

电源电路

该机的电源电路采用变压器降压式直流稳压电源电路。主要由变压器T1、整流堆DB1、稳压器7805为核心构成。

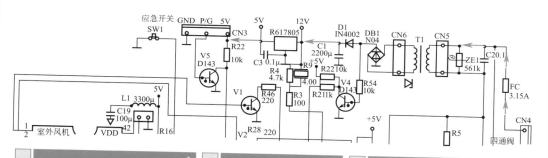

| 1 | 插好空调器的电源线后，220V市电进入电脑板 | 2 | 通过熔断器FC输入到电源电路 | 3 | 利用高频滤波电容C2滤除市电电网中的高频干扰脉冲 |

| 经DB1整流，获得脉动直流电压 | 5 | 经C2滤波后的市电通过变压器T1降压后，从它的二次绕组输出10V左右（与市电电压高低成正比）的交流电压 | 4 |

| 6 | 一路送到AC过零检测电路 | | | | 利用三端稳压器7805稳压输出5V电压，通过C3滤波后，为微处理器、遥控接收头、指示灯、继电器RL3等电路供电 |
| 6 | 经D1送到滤波电容C1两端，通过C1滤波产生12V左右的直流电压 | 7 | 12V电压不仅为电磁继电器RL1、RL2和驱动块IC3、蜂鸣器等电路供电 | 8 | |

市电过零检测电路

市电过零检测（同步信号输入）电路由带阻三极管V4、R21、R22、R54等组成。

由整流堆DB1输出的脉动电压电压，经R54限流、V4倒相放大后产生100Hz交流检测信号，即同步控制信号。同步控制信号经R21限流后加到微处理器IC1的㉝脚，IC1对㉝脚输入的信号检测后，就可以在市电过零处控制固态继电器PC1、PC2内的双向晶闸管导通，从而避免了双向晶闸管在导通瞬间可能被过电流损坏。

9.3.2 微处理器电路识图

该机的微处理器电路由微处理器IC1为核心构成。

基本工作条件

微处理器IC1正常工作需具备5V供电、复位、时钟振荡正常的三个基本条件。

5V供电

1 插好空调器的电源线，待电源电路工作后，由其输出的5V电压经L1、C19滤波

2 加到微处理器IC1的供电端㊷脚，为IC1供电

复位电路

1 开机瞬间，由于5V电源在滤波电容的作用下逐渐升高

2 当该电压低于设置值（多为3.6V）时

3 IC2输出低电平电压

4 该电压经C11滤波后加到IC1的⑱脚，使IC1内的存储器、寄存器等电路清零复位

5 随着5V电源的逐渐升高，当其超过3.6V后

6 IC2输出高电平电压，使IC1内部电路复位结束

7 空调开始工作。正常工作后，IC1的⑱脚电位几乎与供电相同

时钟振荡电路

1 微处理器IC1得到供电

2 内部的振荡器与⑲、⑳脚外接的晶振CX1通过振荡产生4MHZ的时钟信号

该信号经分频后协调各部位的工作，并作为IC1输出各种控制信号的基准脉冲源。

功能操作控制

用遥控器对该机进行风速、温度调节等操作时，遥控接收电路将红外信号进行解码、放大后，通过连接器CN10的IR脚进入电脑板。该信号经R9加到微处理器IC1的⑧脚，被IC1处理后，控制相关电路进入用户所调节的状态。

指示灯控制电路由微处理器IC1的⑨~⑫脚内电路、放大管V6与V7以及发光管LED1~LED3等构成。

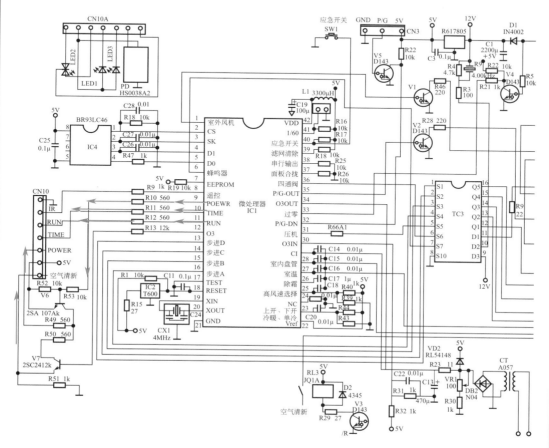

① 电源灯控制 接通空调器的电源线，待该机的电源电路、微处理器电路工作后，微处理器IC1的⑨脚输出的低电平控制信号经R10、R53限流，使V6导通，从V6的c极输出的电压通过R49限流，再通过CN10的POWER脚进入操作显示板，为指示灯LED2下端的发光管供电，使它开始发光，表明该机的电源电路、微处理器进入工作状态。

② 运行灯控制 通过遥控器或面板上的操作键开机时，微处理器IC1的⑪脚输出的低电平控制信号通过R12限流，再经CN10的RUN脚进入操作显示板，加到运行灯LED3的负极使它发光，表明机组进入工作状态。

③ 定时灯控制 通过遥控器对空调器进行定时设置或进入睡眠状态后，微处理器IC1的⑩脚输出的低电平控制信号通过R11限流，再经CN10的TIME脚进入操作显示板，加到LED1的负极使它发光，表明空调器进入睡眠或定时状态。

④ 清新灯控制 进行清新操作时，微处理器IC1的⑫脚输出的高电平控制信号通过R13限流，使V7导通，从V7的e极输出的电压通过CN10的空气清新脚进入操作显示板，使LED2的上端发光管发光，表明该机进入空气清新状态。

9.3.3　室内风扇电动机电路识图

室内风扇电动机驱动电路由微处理器IC1、驱动管V2、风扇电动机及其供电继电器PC2、放大管V5等元器件构成。

　供电控制

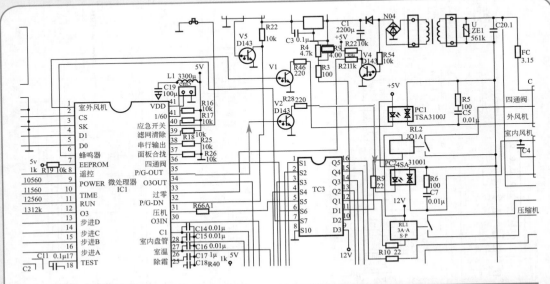

| 1 | 制冷、制热期间，微处理器IC1的35脚输出PWM驱动信号 | 2 | 信号经带阻三极管V2倒相放大后，通过R28为固态继电器PC2内的发光管供电 |

| 通过连接器CN1为室内风扇电动机供电，室内风扇电机在运行电容的配合下开始运转 | 4 | PC2内的发光管开始发光管，致使PC2内的双向晶闸管导通 | 3 |

　速度控制

| 1 | 用遥控器将室内风速设置为高速 | 2 | IC1的35脚输出的PWM激励脉冲的占空比达到最大 | 3 | 通过V2倒相放大后，PC2内的发光管发光最强 |

| 当调为低速时 | 5 | 使PC2内部的双向晶闸管导通最强，为室内风扇电机提供的电压达到最大，使室内风扇高速运转 | 4 |

| 6 | IC1的35脚输出的PWM激励脉冲的占空比变为最小 | 7 | 通过V2倒相放大后，使PC2内的发光管发光最弱 | 8 | 使PC2内部的双向晶闸管导通最弱 |

| 为室内风扇电动机提供的电压变为最小，使室内风扇低速运转。而中速控制、低速控制和高速控制相同 | 9 |

9.3.4 制冷/制热电路识图

制冷/制热控制电路由室内环境温度传感器（室温传感器）、室内热交换器传感器（管室内盘管传感器）、微处理器IC1、驱动块IC3（TD62003AP）、压缩机及其供电继电器RL1、四通阀及其供电继电器RL2、风扇电动机及其供电继电器PC1、PC2等元器件构成。

制冷控制

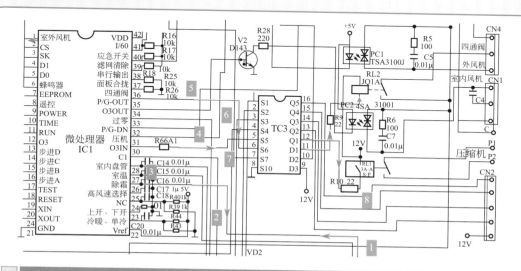

1 当室内温度高于设置温度时，CN9外接的室温传感器的阻值较小，5V电压通过CN9、外接温度传感器的阻值与R35采样后产生的电压增大		**2** 通过R36限流，C16滤波	
5 IC1的㊱脚输出的低电平信号加到IC3的⑥脚经非门倒相放大	**4** 微处理器IC1的㉛、①脚输出高电平信号	**3** 微处理器IC1的㉗脚提供的电压升高	
6 RL2内的触点释放，不能为四通阀的线圈供电，于是四通阀使系统工作在制冷状态		**7** IC1的㉛脚输出的高电平信号经R66AI加到IC3的⑤脚，使⑫脚电位为低电平	
8 通过R10为继电器RL1的线圈提供电流，使它内部的触点吸合，接通压缩机的供电回路，压缩机运转，开始制冷			

随着压缩机和各台风扇电动机的不断运行，室内温度开始下降。当温度达到要求被IC1识别后，判断室内的制冷效果达到要求，控制①、㉛、㉟脚输出停机信号，切断压缩机和各台风扇电动机的供电回路，使它们停止运转，制冷工作结束，进入保温状态。随着保温时间的延长，室内温度逐渐升高，使室温传感器的阻值逐渐减小，为IC1 ㉗脚提供的电压再次增大，重复以上过程，空调器再次工作，进入下一轮的制冷循环。

第9章 家用电器控制系统电气图识图

199

制热控制

制热控制与制冷控制基本相同，不同之处有两点

1 制热期间微处理器IC1的㊱脚输出高电平控制电压，该电压通过驱动块IC3⑥、⑪脚内的非门倒相放大后，利用R9限流为继电器RL2的线圈提供电流，使RL2内的触点吸合，为四通阀的线圈供电，于是四通阀使系统工作在制热状态，即室内热交换器用作冷凝器，而室外热交换器用作蒸发器

2 制热初期IC1的㉟脚输出的PWM信号占空比受室内盘管传感器的控制，在室内盘管温度较低时使室内风扇电动机不转，以免为室内吹冷风。待室内热交换器的温度达到一定高度时，IC1再控制室内风扇电动机旋转，将室内热交换器产生的热量吹向室内，实现了制热初期的防冷风控制

9.3.5 压缩机过电流保护电路识图

为了防止压缩机过电流损坏，该机设置了由电流互感器CT、整流堆DB2为核心构成的过电流保护电路。

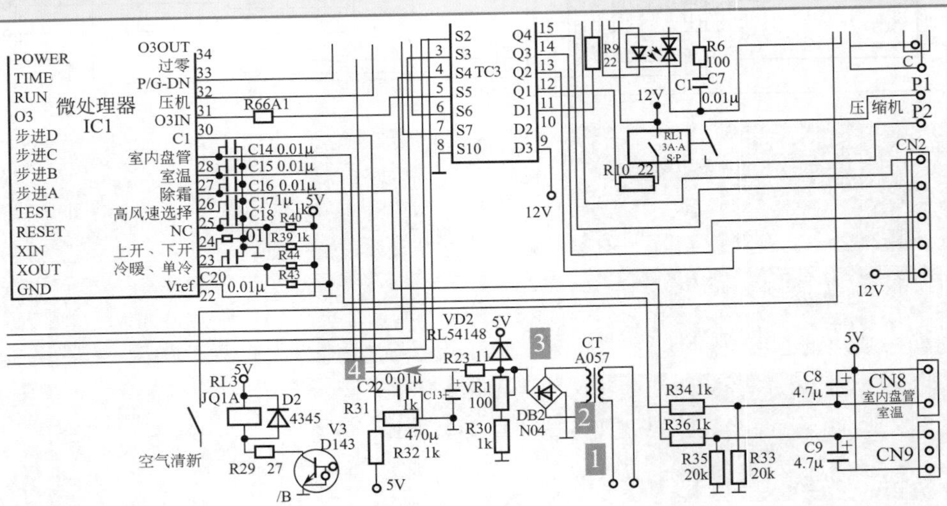

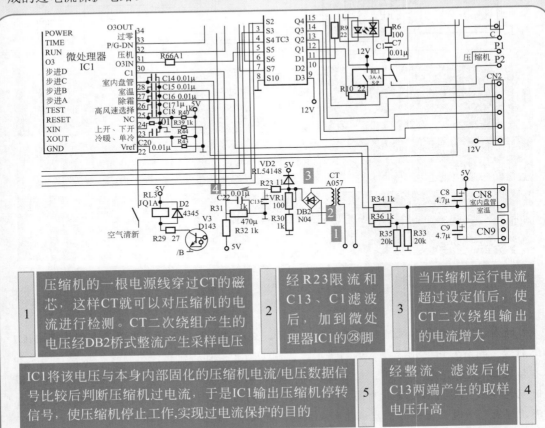

1 压缩机的一根电源线穿过CT的磁芯，这样CT就可以对压缩机的电流进行检测。CT二次绕组产生的电压经DB2桥式整流产生采样电压

2 经R23限流和C13、C1滤波后，加到微处理器IC1的㉘脚

3 当压缩机运行电流超过设定值后，使CT二次绕组输出的电流增大

4 经整流、滤波后使C13两端产生的取样电压升高

5 IC1将该电压与本身内部固化的压缩机电流/电压数据信号比较后判断压缩机过电流，于是IC1输出压缩机停转信号，使压缩机停止工作,实现过电流保护的目的

9.3.6 导风电动机电路识图

该机导风电动机电路控制电路由微处理器IC1、导风电动机（步进电动机）、驱动块IC3等构成。

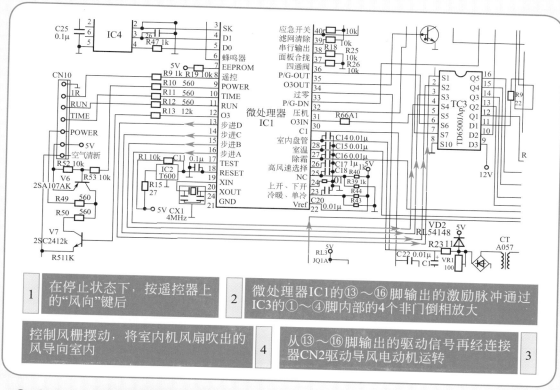

1	在停止状态下，按遥控器上的"风向"键后	2	微处理器IC1的⑬～⑯脚输出的激励脉冲通过IC3的①～④脚内部的4个非门倒相放大
	控制风栅摆动，将室内机风扇吹出的风导向室内	4	从⑬～⑯脚输出的驱动信号再经连接器CN2驱动导风电动机运转	3

9.3.7 空气清新电路识图

换新风控制电路由微处理器IC1、放大管V3、继电器RL3和负离子发生器（臭氧发生器）及相关元器件构成。

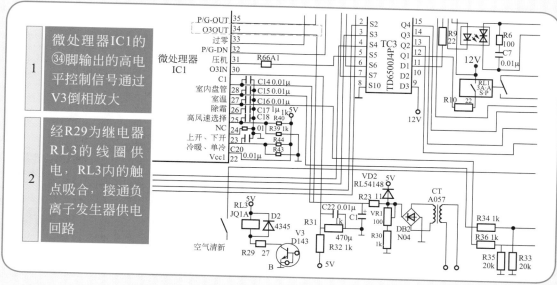

附录

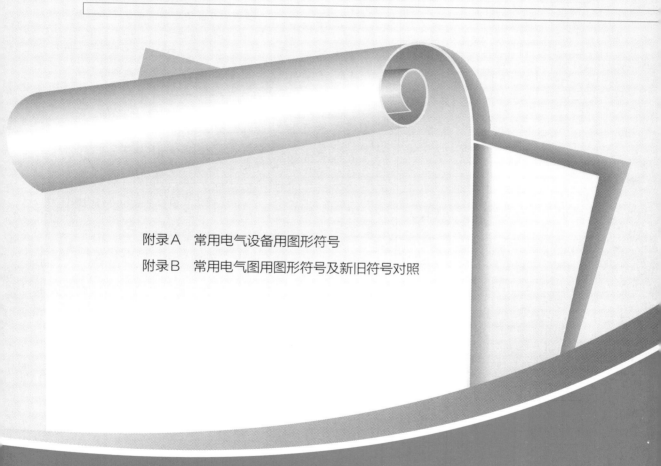

附录A

常用电气设备用图形符号

序号	名称	符号	尺寸比例（$h \times b$）	应用范围
1	直流电	= = =	$0.36a \times 1.40a$	适用于直流电设备的铭牌上，以及用于表示直流电的端子
2	交流电	∿	$0.44a \times 1.46a$	适用于交流电设备的铭牌上，以及用于表示直流电的端子
3	正号、正极	+	$1.20a \times 1.20a$	表示使用或产生直流电设备的正端
4	负号、负极	—	$0.08a \times 1.20a$	表示使用或产生直流电设备的负端
5	电池检测	⊣⊢	$0.80a \times 1.00a$	表示电池测试按钮和表明电池情况的灯或仪表
6	电池定位	⊏+▬	$0.54a \times 1.40a$	表示电池盒（箱）本身和电池的极性和位置
7	整流器	▷⊢	$0.82a \times 1.46a$	表示整流设备及其有关接线端和控制装置
8	变压器	⅌	$1.48a \times 0.80a$	表示电气设备可通过变压器与电力线连接的开关、控制器、连接器或端子，也可用于变压器包封或外壳上
9	熔断器	▭	$0.54a \times 1.46a$	表示熔断盒及其位置
10	测试电压	☆500V	$1.30a \times 1.20a$	表示该设备能承受500V的测试电压
11	危险电压	↯	$1.26a \times 0.50a$	表示危险电压引起的危险
12	Ⅱ类设备	□	$1.04a \times 1.04a$	表示能满足第Ⅱ类设备（双重绝缘设备）安全要求的设备

序号	名称	符号	尺寸比例（$h×b$）	应用范围
13	接地		$1.30a×0.79a$	表示接地端子
14	保护接地		$1.16a×1.16a$	表示在发生故障时防止电击的与外保护导体相连接的端子，或与保护接地电极相连接的端子
15	接机壳、接机架		$1.25a×0.91a$	表示连接机壳、机架的端子
16	输入		$1.00a×1.46a$	表示输入端
17	输出		$1.00a×1.46a$	表示输出端
18	过载保护装置		$0.92a×1.24a$	表示一个设备装有过载保护装置
19	通		$1.12a×0.08a$	表示已接通电源，必须标在电源开关或开关的位置
20	断		$1.20a×1.20a$	表示已与电源断开，必须标在电源开关或开关的位置
21	可变性（可调性）		$0.40a×1.40a$	表示量的被控方式，被控量随图形的宽度而增加
22	调到最小		$0.60a×1.36a$	表示量值调到最小值的控制
23	调到最大		$0.58a×1.36a$	表示量值调到最大值的控制
24	灯、照明、照明设备		$1.32a×1.34a$	表示控制照明光源的开关
25	亮度、辉度		$1.40a×1.40a$	表示诸如亮度调节器、电视接收机等设备的亮度、辉度控制
26	对比度		$1.16a×1.16a$	表示诸如电视接收机等的对比度控制
27	色饱和度		$1.16a×1.16a$	表示彩色电视机等设备的色彩饱和度控制

注：原始图形中 $a＝50mm$。

附录

205

常用电气图用图形符号及新旧符号对照

图形符号（GB 4728）	说　明	旧符号（GB 312）
1.基本说明		
──	直流 注：电压可标注在符号右边，系统类型可标注在符号左边	═
～	交流 频率或频率范围以及电压的数值应标注在符号的右边，系统类型应标注在符号的左边	═
≈	中频（音频）	═
≋	高频（超高频、载频或射频）	═
≂	交直流	═
∿	具有交流分量的整流电流 注：当需要与稳定直流相区别时使用	
N	中性（中性线）	
M	中间线	
+	正极	═
−	负极	═
⊓	正脉冲	
	间热式阴极二极管	
	直热式阴极三极管	
	直热式阴极二极管	
⊔	负脉冲	
⌐	正阶跃函数	
⌐	负阶跃函数	═
⏚	接地一般符号 注：如表示接地的状况或作用不够明显，可补充说明	═

图形符号（GB 4728）	说　明	旧符号（GB 312）
	无噪声接地（抗干扰接地）	
	保护接地	
形式1　　形式2	接机壳或接底板	
	等电位	
	理想电流源	
	理想电压源	

2.导线和连接器件

图形符号（GB 4728）	说　明	旧符号（GB 312）
3	导线、导线组、电线、电缆、电路、线路、母线（总线）一般符号 注：当用单线表示一组导线时，若需示出导线数可加短斜线或画一条短斜线加数字表示 示例：三根导线	=
	柔软导线	
	屏蔽导线	或
	绞合导线	
●	导线的连接点	● 或 ○
○	端子 注：必要时圆圈可画成圆黑点	=
∅	可拆卸的端子	=
形式1　　形式2	导线的连接	
形式1　　形式2	导线的多线连接	
	导线或电缆的分支和合并	=
＋	导线的不连接（跨越）	=
	导线直接连接 导线接头	=
	接通的连接片	=
	断开的连接片	=
	电缆密封终端头 多线表示	=
3　3	电缆直通接线盒 单线表示	=

附录

图形符号（GB 4728）	说　明	旧符号（GB 312）
3. 无源元件		
优选形　其他形	电阻器的一般符号	
	可变电阻器 可调电阻器	
	压敏电阻器 注：U可以用V代替	=
	电容器的一般符号	
	可变电容器 可调电容器	
	电感器、绕组 线圈、轭流圈 示例：带磁芯的电感器	
4. 半导体管和电子管		
	半导体二极管的一般符号	
	发光二极管的一般符号	
	反向阻断二极晶体闸流管	
	三极晶体闸流管	
	PNP 型半导体管	
	NPN 型半导体管	
	具有 P 型基极单结型半导体管	
	具有 N 型基极单结型半导体管	
	N 型沟道结型场效应半导体管	
	P 型沟道结型场效应半导体管	
	光敏电阻器	
	光电二极管	
	光电池	E
	光电半导体管（示出 PNP 型）	